知味

小仓山房藏版

随园食单

〔清〕袁枚 著

谢静 插图

北方联合出版传媒（集团）股份有限公司

万卷出版公司

2021年·沈阳

乾隆壬子鐫

隨園食單

小倉山房藏

清乾隆五十七年小仓山房刊本《随园食单》

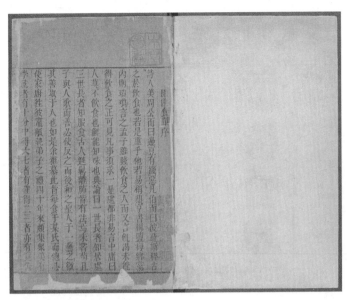

清乾隆五十七年小仓山房刊本《随园食单》内文

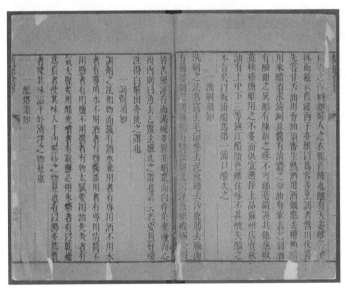

清乾隆五十七年小仓山房刊本《随园食单》内文

目录

序

　　诗人美周公而曰："笾豆有践"①，恶凡伯而曰："彼疏斯粺"②。古之于饮食也，若是重乎？他若《易》称"鼎烹"，《书》称"盐梅"，《乡党》《内则》琐琐言之。孟子虽贱"饮食之人"，而又言饥渴未能得饮食之正。可见凡事须求一是处，都非易言。《中庸》曰："人莫不饮食也，鲜能知味也。"《典论》曰："一世长者知居处，三世长者知服食。"古人进鬐离肺③，皆有法焉，未尝苟且。"子与人歌而善，必使反之，而后和之。"圣人于一艺之微，其善取于人也如是。

　　余雅慕此旨，每食于某氏而饱，必使家厨往彼灶觚④，执弟子之礼。四十年来，颇集众美。有学就者，有十分中得六七者，有仅得二三者，亦有竟失传者。余都问其方略，集而存之。虽不甚省记，亦载某家某味，以志景行。自觉好学之心，理宜如是。虽死法不足以限生厨，名手作书，亦多出入，未可专求之于故纸，然能率由旧章，终无大谬，临时治具，亦易指名。

或曰："人心不同，各如其面。子能必天下之口，皆子之口乎？"曰："执柯以伐柯，其则不远⑤。吾虽不能强天下之口与吾同嗜，而姑且推己及物；则食饮虽微，而吾于忠恕之道，则已尽矣。吾何憾哉！"若夫《说郛》所载饮食之书三十余种，眉公、笠翁⑥，亦有陈言。曾亲试之，皆阏于鼻而蜇于口，大半陋儒附会，吾无取焉。

【注释】

①笾（biān）豆有践：笾，古代祭祀及宴会时用以盛果脯等的竹编食器。形制如豆。豆，古代食器，初以木制，形似高足盘。后多用于祭祀。践，陈列整齐。

②彼疏斯粺（bài）：疏，糙米。粺，指精米。

③鬐（qí）：通"鳍"，此处指鱼。离肺，指分割猪牛羊等祭品的

肺叶。

④灶觚：灶口平地突出之处。

⑤执柯以伐柯，其则不远：《诗·豳风·伐柯》："伐柯伐柯，其则不远。"比喻遵循一定的准则。

⑥笠翁：即李渔，字笠翁、滴凡，号觉世稗官。清初剧作家。

须知单

学问之道，先知而后行，饮食亦然。作《须知单》。

先天须知

凡物各有先天，如人各有资禀。人性下愚，虽孔、孟教之，无益也。物性不良，虽易牙烹之，亦无味也。指其大略：猪宜皮薄，不可腥臊；鸡宜骟嫩，不可老稚；鲫鱼以扁身白肚为佳，乌背者，必崛强于盘中；鳗鱼以湖溪游泳为贵，江生者，必槎丫其骨节；谷喂之鸭，其膘肥而白色；壅土之笋，其节少而甘鲜；

同一火腿也，而好丑判若天渊；同一台鲞也^①，而美恶分为冰炭；其他杂物，可以类推。大抵一席佳肴，司厨之功居其六，买办之功居其四。

【注释】

①台鲞（xiǎng）：指浙江台州一带所产的鱼干。鲞，鱼干。

作料须知

厨者之作料，如妇人之衣服首饰也。虽有天姿，虽善涂抹，而敝衣蓝褛^①，西子亦难以为容。善烹调者，酱用伏酱^②，先尝甘否；油用香油，须审生熟；酒用酒酿，应去糟粕；醋用米醋，须求清冽^③。且酱有清浓之分，油有荤素之别，酒有酸甜之异，醋有陈新之殊，不可丝毫错误。其他葱、椒、姜、桂、糖、盐，虽用之不多，而俱宜选择上品。苏州店卖秋油^④，有上、中、下三等。镇江醋颜色虽佳，味不甚酸，失醋之本旨矣。以板浦醋为第一，浦口醋次之。

　　厨师烹饪时所使用的作料，就如同女子的服饰与首饰。虽然天生丽质，又善于化妆，但是衣衫褴褛，就算是西施在世也难以展现她美丽的容颜。

【注释】

　　①蓝褛（lǚ）：同"褴褛"，泛指衣服破烂。

　　②伏酱：指三伏天所制作的酱及酱油。

　　③清冽（liè）：清凉。

　　④秋油：古人认为自立秋之日起，夜露天降，深秋的第一抽酱油，被称为秋油。

洗刷须知

　　洗刷之法，燕窝去毛，海参去泥，鱼翅去沙，鹿筋去臊。肉有筋瓣，剔之则酥；鸭有肾臊，削之则净；鱼有胆破，而全盘皆苦；鳗涎存，而满碗多腥；韭删叶而白存，菜弃边而心出。《内则》曰："鱼去乙，鳖去丑[①]。"此之谓也。谚云："若要鱼好吃，洗得白筋出。"亦此之谓也。

【注释】

　　①鱼去乙，鳖去丑：乙，乙状鱼骨，即鱼颊骨。丑，动物的肛门。

　　食物原料在烹饪之前必须经过适当的加工。鲜活的扇贝用清水淘洗，再用刷子刷净外壳。洗净后的扇贝在清水中浸泡，约半小时扇贝开始吐泥沙，两至三小时后可吐净。浸泡时可将扇贝放在滤水篓中，防止扇贝把吐出的泥沙再吸回去。

调剂须知

调剂之法，相物而施。有酒、水兼用者，有专用酒不用水者，有专用水不用酒者；有盐、酱并用者，有专用清酱不用盐者，有用盐不用酱者；有物太腻，要用油先炙者；有气太腥，要用醋先喷者；有取鲜必用冰糖者；有以干燥为贵者，使其味入于内，煎炒之物是也；有以汤多为贵者，使其味溢于外，清浮之物是也。

配搭须知

谚曰："相女配夫。"《记》曰①："儗人必于其伦①。"烹调之法，何以异焉？凡一物烹成，必需辅佐。要使清者配清，浓者配浓，柔者配柔，刚者配刚，方有和合之妙。其中可荤可素者，蘑菇、鲜笋、冬瓜是也。可荤不可素者，葱、韭、茴香、新蒜是也。可素不可荤者，芹菜、百合、刀豆是也。常见人置蟹粉于燕窝之中，放百合于鸡、猪之肉，毋乃唐尧与苏峻对坐，不太悖乎？

亦有交互见功者，炒荤菜，用素油，炒素菜，用荤油是也。

【注释】

①《记》：即《礼记》。

②儗（nǐ）人必于其伦：判定某人要用同辈分同等级的事物或人相比。

独用须知

味太浓重者，只宜独用，不可配搭。如李赞皇、张江陵一流①，须专用之，方尽其才。食物中，鳗也，鳖也，蟹也，鲥鱼也，牛羊也，皆宜独食，不可加搭配。何也？此数物者味甚厚，力量甚大，而流弊亦甚多，用五味调和，全力治之，方能取其长而去其弊。何暇舍其本题，别生枝节哉？金陵人好以海参配甲鱼，鱼翅配蟹粉，我见辄攒眉。觉甲鱼、蟹粉之味，海参、鱼翅分之而不足；海参、鱼翅之弊，甲鱼、蟹粉染之而有余。

【注释】

①李赞皇：唐宪宗时宰相李绛。张江陵：明万历时首辅张居正。

　　中式菜肴，用料极广，各种食材搭配使用，无论在营养还是色、味上，都有着非常多的讲究。

火候须知

　　熟物之法，最重火候。有须武火者，煎炒是也；火弱则物疲矣。有须文火者，煨煮是也；火猛则物枯矣。有先用武火而后用文火者，收汤之物是也；性急则皮焦而里不熟矣。有愈煮愈嫩者，腰子、鸡蛋之类是也。有略煮即不嫩者，鲜鱼、蚶蛤之类是也。肉起迟则红色变黑，鱼起迟则活肉变死。屡开锅盖，则多沫而少香。火熄再烧，则无油而味失。道人以丹成九转为仙，儒家以无过、不及为中。司厨者，能知火候而谨伺之，则几于道矣。鱼临食时，色白如玉，凝而不散者，活肉也；色白如粉，不相胶粘者，死肉也。明明鲜鱼，而使之不鲜，可恨已极。

色臭须知

　　目与鼻，口之邻也，亦口之媒介也。嘉肴到目、到鼻，色臭便有不同。或净若秋云，或艳如琥珀，其芬芳之气亦扑鼻而来，

　　火候的掌握，在烹饪中十分重要，厨师还要根据不同食材的特性、烹饪方法，来决定烹饪的火力大小与时间长短。

不必齿决之^①，舌尝之，而后知其妙也。然求色不可用糖炒，求香不可用香料。一涉粉饰，便伤至味。

【注释】

①决：决，咬，咀嚼。

迟速须知

凡人请客，相约于三日之前，自有工夫平章^①百味。若斗然客至，急需便餐；作客在外，行船落店。此何能取东海之水，救南池之焚乎？必须预备一种急就章之菜^②，如炒鸡片，炒肉丝，炒虾米豆腐，及糟鱼、茶腿之类，反能因速而见巧者，不可不知。

【注释】

①平章：处理。

②急就章：即《急就篇》，西汉时期儿童启蒙读物，"急救"有速成之意。

承水器，商周时期贵族宴飨祭祀时，均用手抄食物，宴前饭后，都要用匜或盉注水洗手，用盘盛水。

变换须知

一物有一物之味，不可混而同之。犹如圣人设教，因才乐育，不拘一律。所谓君子成人之美也。今见俗厨，动以鸡、鸭、猪、鹅，一汤同滚，遂令千手雷同，味同嚼蜡。吾恐鸡、猪、鹅、鸭有灵，必到枉死城中告状矣。善治菜者，须多设锅、灶、盂、钵之类，使一物各献一性，一碗各成一味。嗜者舌本应接不暇，自觉心花顿开。

器具须知

古语云：美食不如美器。斯语是也。然宣、成、嘉、万①，窑器太贵，颇愁损伤，不如竟用御窑，已觉雅丽。惟是宜碗者碗，宜盘者盘，宜大者大，宜小者小，参错其间，方觉生色。若板板于十碗八盘之说，便嫌笨俗。大抵物贵者器宜大，物贱者器宜小。煎炒宜盘，汤羹宜碗，煎炒宜铁锅，煨煮宜砂罐。

　　美食须要配美器，这也是中华传统饮食文化的重要特色。鬲是汉民族古代煮饭用的一种炊器，其形状一般为侈口（口沿外倾），有三个中空的足，便于炊煮加热。

【注释】

①宣、成、嘉、万：指明代宣德、成化、嘉靖、万历四朝。

上菜须知

上菜之法，盐者宜先，淡者宜后；浓者宜先，薄者宜后；无汤者宜先，有汤者宜后。且天下原有五味，不可以咸之一味概之。度客食饱，则脾困矣，须用辛辣以振动之；虑客酒多，则胃疲矣，须用酸甘以提醒之。

时节须知

夏日长而热，宰杀太早，则肉败矣。冬日短而寒，烹饪稍迟，则物生矣。冬宜食牛羊，移之于夏，非其时也。夏宜食干腊，移之于冬，非其时也。辅佐之物，夏宜用芥末，冬宜用胡椒。当三伏天而得冬腌菜，贱物也，而竟成至宝矣。当秋凉时而得行鞭笋，亦贱物也，而视若珍馐矣。有先时而见好者，三月食

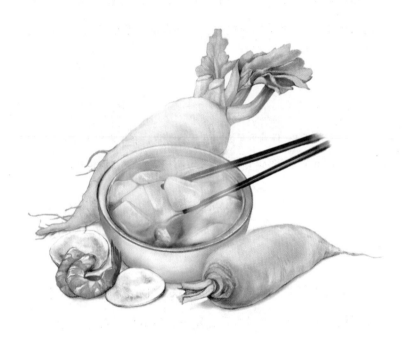

　　中国最早的辞书《尔雅》称萝卜为芦菔。俗语讲："冬食萝卜夏吃姜。"秋冬季萝卜的种植和食用最为普遍。

鲥鱼是也。有后时而见好者，四月食芋艿是也。其他亦可类推。有过时而不可吃者，萝卜过时则心空，山笋过时则味苦，刀鲚过时则骨硬①。所谓四时之序，成功者退，精华已竭，褰裳去之也②。

【注释】

　①刀鲚（jì）：俗称凤尾鱼，生活在海中，在淡水中产卵。

　②褰（qiān）裳：出自《诗经·国风·郑风》，指提起衣裙。

多寡须知

　　用贵物宜多，用贱物宜少。煎炒之物多，则火力不透，肉亦不松。故用肉不得过半斤，用鸡、鱼不得过六两。或问：食之不足，如何？曰：俟食毕后另炒可也。以多为贵者，白煮肉，非二十斤以外，则淡而无味。粥亦然，非斗米则汁浆不厚，且须扣水，水多物少，则味亦薄矣。

洁净须知

切葱之刀，不可以切笋；捣椒之臼①，不可以捣粉。闻菜有抹布气者，由其布之不洁也；闻菜有砧板气者，由其板之不净也。"工欲善其事，必先利其器。"良厨先多磨刀，多换布，多刮板，多洗手，然后治菜。至于口吸之烟灰，头上之汗汁，灶上之蝇蚁，锅上之烟煤，一沾入菜中，虽绝好烹庖，如西子蒙不洁，人皆掩鼻而过之矣。

【注释】

①臼（jiù）：用石料或木材制成的舂米工具。

用纤须知

俗名豆粉为纤者，即拉船用纤也，须顾名思义。因治肉者要作团而不能合，要作羹而不能腻，故用粉以牵合之。煎炒之时，虑肉贴锅，必至焦老，故用粉以护持之。此纤义也。能解此义用纤，纤必恰当，否则乱用可笑，但觉一片糊涂。《汉制考》齐呼曲麸为媒，媒即纤矣。

选用须知

选用之法，小炒肉用后臀，做肉圆用前夹心，煨肉用硬短勒①。炒鱼片用青鱼、季鱼②，做鱼松用鲩鱼、鲤鱼。蒸鸡用雏鸡，煨鸡用骟鸡，取鸡汁用老鸡；鸡用雌才嫩，鸭用雄才肥；莼菜用头，芹韭用根；皆一定之理。余可类推。

【注释】

①硬短勒：即猪五花肉。
②季鱼：即"鳜（guì）鱼"。

疑似须知

味要浓厚，不可油腻；味要清鲜，不可淡薄。此疑似之间，差之毫厘，失之千里。浓厚者，取精多而糟粕去之谓也；若徒贪肥腻，不如专食猪油矣。清鲜者，真味出而俗尘无之谓也。若徒贪淡薄，则不如饮水矣。

补救须知

名手调羹，咸淡合宜，老嫩如式，原无需补救。不得已为中人说法，则调味者，宁淡毋咸，淡可加盐以救之，咸则不能使之再淡矣。烹鱼者，宁嫩毋老，嫩可加火候以补之，老则不能强之再嫩矣。此中消息，于一切下作料时，静观火色，便可参详。

本份须知

满洲菜多烧煮，汉人菜多羹汤，童而习之，故擅长也。汉请满人，满请汉人，各用所长之菜，转觉入口新鲜，不失邯郸故步。今人忘其本分，而要格外讨好。汉请满人用满菜，满请汉人用汉菜，反致依样葫芦，有名无实，画虎不成反类犬矣。

秀才下场，专作自己文字，务极其工，自有遇合。若逢一宗师
而摹仿之，逢一主考而摹仿之，则掇皮无异^①，终身不中矣。

【注释】

①掇皮：此处指学到皮毛。

戒单

为政者兴一利，不如除一弊，能除饮食之弊，则思
过半矣。作《戒单》。

戒外加油

俗厨制菜，动熬猪油一锅，临上菜时，勺取而分浇之，以
为肥腻。甚至燕窝至清之物，亦复受此玷污。而俗人不知，长
吞大嚼，以为得油水入腹。故知前生是饿鬼投来。

戒同锅熟

同锅熟之弊，已载前"变换须知"一条中。

戒耳餐

何谓耳餐？耳餐者，务名之谓也，食贵物之名，夸敬客之意，是以耳餐，非口餐也。不知豆腐得味，远胜燕窝。海菜不佳，不如蔬笋。余尝谓鸡、猪、鱼、鸭，豪杰之士也，各有本味，自成一家；海参、燕窝，庸陋之人也，全无性情，寄人篱下。尝见某太守宴客，大碗如缸，白煮燕窝四两，丝毫无味，人争夸之。余笑曰："我辈来吃燕窝，非来贩燕窝也。"可贩不可吃，虽多奚为？若徒夸体面，不如碗中竟放明珠百粒，则价值万金矣。其如吃不得何？

戒目食

何谓目食？目食者，贪多之谓也。今人慕"食前方丈"^①之名，多盘叠碗，是以目食，非口食也。不知名手写字，多则必有败笔；名人作诗，烦则必有累句。极名厨之心力，一日之中，所作好菜不过四五味耳，尚难拿准，况拉杂横陈乎？就使帮助多人，亦各有意见，全无纪律，愈多愈坏。余尝过一商家，上菜三撤席，点心十六道，共算食品将至四十余种。主人自觉欣欣得意，而我散席还家，仍煮粥充饥，可想见其席之丰而不洁矣。南朝孔琳之曰："今人好用多品，适口之外，皆为悦目之资。"余以为肴馔横陈，熏蒸腥秽，口亦无可悦也。

【注释】

①食前方丈：形容桌上菜肴奢华、排场极大。

戒穿凿

物有本性，不可穿凿为之。自成小巧，即如燕窝佳矣，何必捶以为团？海参可矣，何必熬之为酱？西瓜被切，略迟不鲜，竟有制以为糕者。苹果太熟，上口不脆，竟有蒸之以为脯者。他如《尊生八笺》之秋藤饼，李笠翁之玉兰糕，都是矫揉造作，以杞柳为杯棬①，全失大方。譬如庸德庸行，做到家便是圣人，何必索隐行怪②乎？

【注释】

①以杞柳为杯棬（quān）：形容物品失去了本来的形态与品性。

②索隐行怪：指偏寻不常见之食材，行为偏离常态。

戒停顿

物味取鲜，全在起锅时极锋而试；略为停顿，便如霉过衣裳，虽锦绣绮罗，亦晦闷而旧气可憎矣。尝见性急主人，每摆菜必一齐搬出。于是厨人将一席之菜，都放蒸笼中，候主人催取，通行齐上。此中尚得有佳味哉？在善烹任者，一盘一碗，费尽心思；在吃者，卤莽暴戾，囫囵吞下，真所谓得哀家梨①，仍复蒸食者矣。余到粤东，食杨兰坡明府鳝羹而美，访其故，曰："不过现杀现烹、现熟现吃，不停顿而已。"他物皆可类推。

【注释】

①哀家梨：传说汉代秣陵（今江苏江宁）哀仲所种的梨，果实大且美味，入口消释，被人称为"哀家梨"。

戒暴殄

暴者不恤人功，殄者不惜物力。鸡、鱼、鹅、鸭，自首至尾，俱有味存，不必少取多弃也。尝见烹甲鱼者，专取其裙而不知味在肉中；蒸鲥鱼者，专取其肚而不知鲜在背上。至贱莫如腌蛋，其佳处虽在黄不在白，然全去其白而专取其黄，则食者亦觉索然矣。且予为此言，并非俗人惜福之谓，假设暴殄而有益于饮食，犹之可也；暴殄而反累于饮食，又何苦为之？至于烈炭以炙活鹅之掌，刲刀以取生鸡之肝①，皆君子所不为也。何也？物为人用，使之死可也，使之求死不得不可也。

【注释】

　　①刲（tuán）：割。

戒纵酒

　　事之是非，惟醒人能知之；味之美恶，亦惟醒人能知之。伊尹曰："味之精微，口不能言也。"口且不能言，岂有呼呶酗酒之人①，能知味者乎？往往见拇战之徒②，啖佳菜如啖木屑，心不存焉。所谓惟酒是务，焉知其余，而治味之道扫地矣。万不得已，先于正席尝菜之味，后于撤席逞酒之能，庶乎其两可也。

【注释】

　　①呼呶（náo）：大声喧哗。
　　②拇战：猜拳，行酒令的一种。

爵是饮酒器。

戒火锅

冬日宴客，惯用火锅，对客喧腾，已属可厌；且各菜之味，有一定火候，宜文宜武，宜撤宜添，瞬息难差。今一例以火逼之，其味尚可问哉？近人用烧酒代炭，以为得计，而不知物经多滚，总能变味。或问："菜冷奈何？"曰："以起锅滚热之菜，不使客登时食尽，而尚能留之以至于冷，则其味之恶劣可知矣。"

戒强让

治具宴客，礼也。然一肴既上，理直凭客举箸，精肥整碎，各有所好，听从客便，方是道理，何必强让之？常见主人以箸夹取，堆置客前，污盘没碗，令人生厌。须知客非无手无目之人，又非儿童、新妇，怕羞忍饿，何必以村姬小家子之见解待之？其慢客也至矣！近日倡家，尤多此种恶习，以箸取菜，硬入人口，有类强奸，殊为可恶。长安有甚好请客而菜不佳者，一客问曰：

铜勺

"我与君算相好乎?"主人曰:"相好!"客跽而请曰①:"果然相好,我有所求,必允许而后起。"主人惊问:"何求?"曰:"此后君家宴客,求免见招。"合坐为之大笑。

【注释】

①跽(jì):两膝着席,上体耸直之坐法。

戒走油①

凡鱼、肉、鸡、鸭,虽极肥之物,总要使其油在肉中,不落汤中,其味方存而不散。若肉中之油,半落汤中,则汤中之味,反在肉外矣。推原其病有三:一误于火大猛,滚急水干,重番加水;一误于火势忽停,既断复续;一病在于太要相度,屡起锅盖,则油必走。

【注释】

①走油:指肉中脂肪美味流失。

戒落套

唐诗最佳，而五言八韵之试帖，名家不选，何也？以其落套故也。诗尚如此，食亦宜然。今官场之菜，名号有"十六碟""八簋""四点心"之称，有"满汉席"之称，有"八小吃"之称，有"十大菜"之称，种种俗名，皆恶厨陋习，只可用之于新亲上门，上司入境，以此敷衍，配上椅披桌裙，插屏香案，三揖百拜方称。若家居欢宴，文酒开筵，安可用此恶套哉？必须盘碗参差，整散杂进，方有名贵之气象。余家寿筵婚席，动至五六桌者，传唤外厨，亦不免落套，然训练之卒，范我驰驱者，其味亦终竟不同。

戒混浊

混浊者，并非浓厚之谓。同一汤也，望去非黑非白，如缸中搅浑之水。同一卤也，食之不清不腻，如染缸倒出之浆。此

茶盏

种色味令人难耐。救之之法，总在洗净本身，善加作料，伺察水火，体验酸咸，不使食者舌上有隔皮隔膜之嫌。庾子山论文云："索索无真气，昏昏有俗心①。"是即混浊之谓也。

【注释】

①索索无真气，昏昏有俗心：毫无生气、混沌迷乱的样子。

戒苟且

凡事不宜苟且，而于饮食尤甚。厨者，皆小人下材，一日不加赏罚，则一日必生怠玩。火齐未到而姑且下咽，则明日之菜必更加生。真味已失而含忍不言，则下次之羹必加草率。且又不止空赏空罚而已也。其佳者，必指示其所以能佳之由；其劣者，必寻求其所以致劣之故。咸淡必适其中，不可丝毫加减，久暂必得其当，不可任意登盘。厨者偷安，吃者随便，皆饮食之大弊。审问慎思明辨，为学之方也；随时指点，教学相长，作师之道也。于是味何独不然也？

海鲜单

　　古八珍并无海鲜之说，今世俗尚之，不得不吾从众。作《海鲜单》。

燕　窝

　　燕窝贵物，原不轻用。如用之，每碗必须二两，先用天泉滚水泡之，将银针挑去黑丝。用嫩鸡汤、好火腿汤、新蘑菇三样汤滚之，看燕窝变成玉色为度。此物至清，不可以油腻杂之；此物至文[1]，不可以武物串之[2]。今人用肉丝、鸡丝杂之，是吃鸡丝、肉丝，非吃燕窝也。且徒务其名，往往以三钱生燕窝盖碗面，如白发数茎，使客一撩不见，空剩粗物满碗。真乞儿卖富，反露贫相。不得已则蘑菇丝、笋尖丝、鲫鱼肚、野鸡嫩片尚可用也。余到粤东，杨明府冬瓜燕窝甚佳，以柔配柔，以清入清，重用鸡汁、蘑菇汁而已。燕窝皆作玉色，不纯白也。或打作团，或敲成面，俱属穿凿。

【注释】

①文：指燕窝质地柔软。

②武物：指较硬的食材。

海参三法

海参，无味之物，沙多气腥，最难讨好。然天性浓重，断不可以清汤煨也。须检小刺参，先泡去沙泥，用肉汤滚泡三次，然后以鸡、肉两汁红煨极烂。辅佐则用香蕈①、木耳，以其色黑相似也。大抵明日请客，则先一日要煨，海参才烂。尝见钱观察家，夏日用芥末、鸡汁拌冷海参丝甚佳。或切小碎丁，用笋丁、香蕈丁入鸡汤煨作羹。蒋侍郎家用豆腐皮、鸡腿、蘑菇煨海参，亦佳。

【注释】

①香蕈（xùn）：香菇。

鱼翅二法

鱼翅难烂，须煮两日，才能摧刚为柔。用有二法：一用好火腿、好鸡汤，加鲜笋、冰糖钱许煨烂，此一法也；一纯用鸡汤串细萝卜丝，拆碎鳞翅搀和其中，漂浮碗面。令食者不能辨其为萝卜丝、为鱼翅，此又一法也。用火腿者，汤宜少；用萝卜丝者，汤宜多。总以融洽柔腻为佳，若海参触鼻，鱼翅跳盘①，便成笑话。吴道士家做鱼翅，不用下鳞，单用上半原根，亦有风味。萝卜丝须出水二次，其臭才去。尝在郭耕礼家吃鱼翅炒菜，妙绝！惜未传其方法。

【注释】

①海参触鼻，鱼翅跳盘：指海参与鱼翅若泡发、烹饪不能达到柔腻，则会发生的不雅状况。

鳆 鱼

鳆鱼炒薄片甚佳，杨中丞家，削片入鸡汤豆腐中，号称"鳆鱼豆腐"；上加陈糟油①浇之。庄大守用大块鳆鱼煨整鸭，亦别有风趣。但其性坚，终不能齿决。火煨三日，才拆得碎。

【注释】

①陈糟油：是用酒糟为原料的调味料。

淡 菜

淡菜煨肉加汤，颇鲜，取肉去心，酒炒亦可。

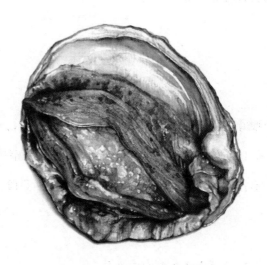

鳆鱼，又名鲍鱼，《本草衍义》称其为"石决明肉"，《医林纂要》
中名为镜面鱼、明目鱼。

淡菜，北方称其为海虹，南方称青口，有一雅号为"东海夫人"。

海蜒①

海蜒，宁波小鱼也，味同虾米，以之蒸蛋甚佳。作小菜亦可。

【注释】

①海蜒（yǎn）：小鱼名。

乌鱼蛋

乌鱼蛋最鲜，最难服事①。须河水滚透，撇沙去腥，再加鸡汤、蘑菇煨烂。龚云若司马家，制之最精。

【注释】

①服事：处理。

江瑶柱

　　江瑶柱出产宁波，治法与蚶、蛏同[①]。其鲜脆在柱，故剖壳时，多弃少取。

【注释】

　　①蚶（hān）、蛏（chēng）：贝类，软体动物，肉质鲜美。

蛎　黄

　　蛎黄生石子上。壳与石子胶粘不分。剥肉作羹，与蚶、蛤相似。一名鬼眼，乐清、奉化两县土产，别地所无。

　　蛎黄，俗称蚝，又名牡蛎，其壳附着于石块之上，难以分开。其肉可做汤羹，鲜香美味。

江鲜单

郭璞《江赋》鱼族甚繁。今择其常有者治之。作《江鲜单》。

刀鱼二法

刀鱼用蜜酒酿、清酱，放盘中，如鲥鱼法，蒸之最佳。不必加水。如嫌刺多，则将极快刀刮取鱼片，用钳抽去其刺。用火腿汤、鸡汤、笋汤煨之，鲜妙绝伦。金陵人畏其多刺，竟油炙极枯，然后煎之。谚曰："驼背夹直，其人不活。"此之谓也。

或用快刀，将鱼背斜切之，使碎骨尽断，再下锅煎黄，加作料，临食时竟不知有骨：芜湖陶大太法也。

鲥　鱼

鲥鱼用蜜酒蒸食，如治刀鱼之法便佳。或竟用油煎，加清酱、酒酿亦佳。万不可切成碎块，加鸡汤煮；或去其背，专取肚皮，则真味全失矣。

鲟　鱼

尹文端公[①]，自夸治鲟鳇最佳[②]，然煨之太熟，颇嫌重浊。惟在苏州唐氏，吃炒鳇鱼片甚佳。其法切片油炮，加酒、秋油滚三十次，下水再滚起锅，加作料，重用瓜、姜、葱花。又一法，将鱼白水煮十滚，去大骨，肉切小方块，取明骨切小方块；鸡汤去沫，先煨明骨八分熟，下酒、秋油，再下鱼肉，煨二分烂起锅，加葱、椒、韭，重用姜汁一大杯。

【注释】

①尹文端公：清雍正时期进士尹继善。

②鲟鳇（xún huáng）：鱼名。长二三丈，无鳞。

黄 鱼

黄鱼切小块，酱酒郁①一个时辰，沥干。入锅爆炒两面黄，加金华豆豉一茶杯，甜酒一碗，秋油一小杯，同滚。候卤干色红，加糖，加瓜姜收起，有沉浸浓郁之妙。又一法，将黄鱼拆碎，入鸡汤作羹，微用甜酱水、纤粉收起之，亦佳。大抵黄鱼亦系浓厚之物，不可以清治之也。

【注释】

①郁：浸泡并密封。

　　黄鱼，又名黄花鱼、石首鱼，肉质鲜美，适合多种烹调方法，是一种常见的食材。

班　鱼①

班鱼最嫩，剥皮去秽，分肝、肉二种，以鸡汤煨之，下酒三分、水二分、秋油一分；起锅时，加姜汁一大碗，葱数茎，杀去腥气。

【注释】

①班鱼：也称鲅鱼，外形与河豚相似。

假　蟹

煮黄鱼二条，取肉去骨，加生盐蛋四个，调碎，不拌入鱼肉；起油锅炮，下鸡汤滚，将盐蛋搅匀，加香蕈、葱、姜汁、酒，吃时酌用醋。

特牲单

猪用最多，可称"广大教主"。宜古人有特豚馈食之礼。作《特牲单》。

猪头二法

洗净五斤重者，用甜酒三斤；七八斤者，用甜酒五斤。先将猪头下锅同酒煮，下葱三十根、八角三钱，煮二百余滚；下秋油一大杯、糖一两，候熟后尝咸淡，再将秋油加减；添开水要漫过猪头一寸，上压重物，大火烧一炷香；退出大火，用文

　　猪头肉的食用来自民间已久，尤以淮扬菜中的"扒烧整猪头"
声誉最高。

火细煨，收干以腻为度；烂后即开锅盖，迟则走油。一法打木桶一个，中用铜帘隔开，将猪头洗净，加作料闷入桶中，用文火隔汤蒸之，猪头熟烂，而其腻垢悉从桶外流出，亦妙。

猪蹄四法

蹄膀一只，不用爪，白水煮烂，去汤，好酒一斤，清酱油杯半，陈皮一钱，红枣四五个，煨烂。起锅时，用葱、椒、酒泼入，去陈皮、红枣，此一法也。又一法：先用虾米煎汤代水，加酒、秋油煨之。又一法：用蹄膀一只，先煮熟，用素油灼皱其皮，再加作料红煨。有土人好先掇食其皮，号称"揭单被"。又一法：用蹄膀一个，两钵合之，加酒，加秋油，隔水蒸之，以二枝香为度，号"神仙肉"。钱观察家制最精。

猪爪、猪筋

专取猪爪，剔去大骨，用鸡肉汤清煨之。筋味与爪相同，

　　中国人给猪蹄赋予了美好的寓意，古人曾为参加科考的学子赠送猪蹄，寓"朱书题名"，意高中金榜。

可以搭配；有好腿爪，亦可搀入。

猪肚二法

　　将肚洗净，取极厚处，去上下皮，单用中心，切骰子块①，滚油炮炒，加作料起锅，以极脆为佳。此北人法也。南人白水加酒，煨两枝香，以极烂为度，蘸清盐食之，亦可；或加鸡汤作料，煨烂熏切，亦佳。

【注释】

　　①骰（tóu）子：此处指将食材切成骰子大小。

猪肺二法

　　洗肺最难，以洌尽肺管血水①，剔去包衣为第一着。敲之仆之②，挂之倒之，抽管割膜，工夫最细。用酒水滚一日一夜。肺缩小如一片白芙蓉，浮于水面，再加上作料。上口如泥。汤西厓少宰宴客，每碗四片，已用四肺矣。近人无此工夫，只得将肺拆碎，入鸡汤煨烂亦佳。得野鸡汤更妙，以清配清故也。用好火腿煨亦可。

【注释】

　　①冽：同"沥"，有沥干之意。

　　②仆之：仆，同"扑"，敲打。

猪　腰

　　腰片炒枯则木，炒嫩则令人生疑；不如煨烂，蘸椒盐食之为佳。或加作料亦可。只宜手摘，不宜刀切。但须一日工夫，才得如泥耳。此物只宜独用，断不可搀入别菜中，最能夺味而惹腥。煨三刻则老，煨一日则嫩。

猪里肉

　　猪里肉，精而且嫩。人多不食。尝在扬州谢蕴山太守席上，食而甘之。云以里肉切片，用纤粉团①成小把，入虾汤中，加香

猪腰，即猪肾，《本草纲目》所载："方药所用，借其引导而已。"并载有十余种调理腰病、体虚之方。炒腰花，是以猪腰为主料的家常菜，鲜嫩，味道醇厚，滑润不腻。

薹、紫菜清煨，一熟便起。

【注释】

①纤粉团：纤，同"芡"。

白片肉

须自养之猪，宰后入锅，煮到八分熟，泡在汤中，一个时辰取起。将猪身上行动之处^①，薄片上桌。不冷不热，以温为度。此是北人擅长之菜。南人效之，终不能佳。且零星市脯，亦难用也。寒士请客，宁用燕窝，不用白片肉，以非多不可故也。割法须用小快刀片之，以肥瘦相参，横斜碎杂为佳，与圣人"割不正不食"一语，截然相反。其猪身，肉之名目甚多，满洲"跳神肉"^②最妙。

【注释】

①身上行动之处：即猪身上经常活动的部位。

②神肉：跳神是一种祭神请神之舞。跳神也是满族的大礼，祭神时将猪白煮。祭礼毕，众人席地割肉而食，称跳神肉。

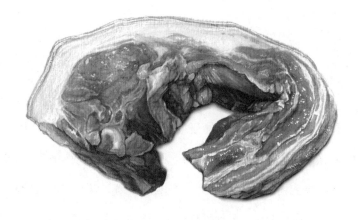

　　白片肉系北方地区传统美食，尤以东北地区最为常见，其关键在于"片"，薄而大片者最好。

红煨肉三法

或用甜酱，或用秋油，或竟不用秋油、甜酱。每肉一斤，用盐三钱，纯酒煨之；亦有用水者，但须熬干水气。三种治法皆红如琥珀，不可加糖炒色。早起锅则黄，当可则红，过迟则红色变紫，而精肉转硬。常起锅盖，则油走而味都在油中矣。大抵割肉虽方，以烂到不见锋棱，上口而精肉俱化为妙。全以火候为主。谚云："紧火粥，慢火肉。"至哉言乎！

白煨肉

每肉一斤，用白水煮八分好，起出去汤；用酒半斤，盐二钱半，煨一个时辰。用原汤一半加入，滚干汤腻为度，再加葱、椒、木耳、韭菜之类。火先武后文。又一法：每肉一斤，用糖一钱，酒半斤，水一斤，清酱半茶杯；先放酒，滚肉一二十次，加茴香一钱，加水焖烂，亦佳。

　　东坡肉是最常见的以猪肉为原料的美食，苏东坡的《食猪肉诗》中写道："黄州好猪肉，价贱如粪土。富者不肯吃，贫者不解煮。慢着火，少着水，火候足时它自美。每日早来打一碗，饱得自家君莫管。"

油灼肉

用硬短勒切方块①，去筋襻②，酒酱郁过，入滚油中炮炙之，使肥者不腻，精者肉松。将起锅时，加葱、蒜，微加醋喷之。

【注释】

①硬短勒：即猪五花肉。

②筋襻（pàn）：肉中的筋膜。

干锅蒸肉

用小磁钵，将肉切方块，加甜酒、秋油，装大钵内封口，放锅内，下用文火干蒸之。以两枝香为度，不用水。秋油与酒之多寡，相肉而行，以盖满肉面为度。

盖碗装肉

放手炉上，法与前同。

磁坛装肉

放砻糠中慢煨^①。法与前同。总须封口。

【注释】

　　①砻（lóng）糠：指稻谷经过砻磨脱下的壳。

脱沙肉

　　去皮切碎，每一斤用鸡子三个，青黄俱用，调和拌肉；再斩碎，入秋油半酒杯，葱末拌匀，用网油一张裹之；外再用菜油四两，煎两面，起出去油；用好酒一茶杯，清酱半酒杯，闷透，提起切片；肉之面上，加韭菜、香蕈、笋丁。

晒干肉

切薄片精肉，晒烈日中，以干为度。用陈大头菜，夹片干炒。

火腿煨肉

火腿切方块，冷水滚三次，去汤沥干；将肉切方块，冷水滚二次，去汤沥干；放清水煨，加酒四两、葱、椒、笋、香蕈。

台鲞煨肉

法与火腿煨肉同。鲞易烂，须先煨肉至八分，再加鲞；凉之则号"鲞冻"。绍兴人菜也。鲞不佳者，不必用。

粉蒸肉

用精肥参半之肉，炒米粉黄色，拌面酱蒸之，下用白菜作垫，熟时不但肉美，菜亦美。以不见水，故味独全。江西人菜也。

熏煨肉

先用秋油、酒将肉煨好，带汁上木屑，略熏之，不可太久，使干湿参半，香嫩异常。吴小谷广文家制之精极。

芙蓉肉

精肉一斤，切片，清酱拖过，风干一个时辰。用大虾肉四十个，猪油二两，切骰子大，将虾肉放在猪肉上，一只虾，一块肉，敲扁，将滚水煮熟撩起。熬菜油半斤，将肉片放在眼铜勺内，将滚油灌熟[①]。再用秋油半酒杯，酒一杯，鸡汤一茶杯，

　　粉蒸肉目前是我们较为常见的菜品。在我国南方的一些地区，吃粉蒸肉是每年立夏这一天的传统习俗，谓之"撑夏"。

熬滚，浇肉片上，加蒸粉、葱、椒糁上起锅[2]。

【注释】

　　①灌熟：将热油反复浇于食材上，将食材浇熟。

　　②糁（sǎn）：溅，洒。

荔枝肉

　　用肉切大骨牌片，放白水煮二三十滚，撩起；熬菜油半斤，将肉放入炮透，撩起，用冷水一激，肉皱，撩起；放入锅内，用酒半斤，清酱一小杯，水半斤，煮烂。

八宝肉

　　用肉一斤，精、肥各半，白煮一二十滚，切柳叶片。小淡菜二两，鹰爪二两，香蕈一两，花海蜇二两，胡桃肉四个去皮，笋片四两，好火腿二两，麻油一两。将肉入锅，秋油、酒煨至五分熟，再加余物，海蜇下在最后。

八宝肉，现各地做法大不相同，古时南方名菜。

菜花头煨肉

用台心菜嫩蕊，微腌，晒干用之。

炒肉丝

切细丝，去筋襻、皮、骨，用清酱、酒郁片时，用菜油熬起，白烟变青烟后，下肉炒匀，不停手，加蒸粉，醋一滴，糖一撮，葱白、韭蒜之类；只炒半斤，大火，不用水。又一法：用油泡后，用酱水加酒略煨，起锅红色，加韭菜尤香。

炒肉片

将肉精、肥各半，切成薄片，清酱拌之。入锅油炒，闻响即加酱、水、葱、瓜、冬笋、韭芽，起锅火要猛烈。

炒肉丝是非常普通的家常菜，若想做好仍需精心调制。

　　精瘦肉剁成肉泥，加笋、荸荠、瓜、姜等剁泥，肉、菜加薄面成团，加作料蒸之，鲜香不腻。

八宝肉圆

　　猪肉精、肥各半，斩成细酱，用松仁、香蕈、笋尖、荸荠、瓜、姜之类，斩成细酱，加纤粉和捏成团，放入盘中，加甜洒、秋油蒸之。入口松脆。家致华云："肉圆宜切，不宜斩。"必别有所见。

空心肉圆

　　将肉捶碎郁过，用冻猪油一小团作馅子，放在团内蒸之，则油流去，而团子空心矣。此法镇江人最善。

锅烧肉

　　煮熟不去皮，放麻油灼过，切块加盐，或蘸清酱，亦可。

　　酱制，是常用的烹饪方法，重点在于用酱或酱油腌浸，上色风干后，别有一番风味。

酱　肉

先微腌，用面酱酱之，或单用秋油拌郁，风干。

糟　肉①

先微腌，再加米糟。

【注释】

①糟：即酒滓。以糟腌肉，肉质咸甜适中。

暴腌肉

微盐擦揉，三日内即用。以上三味，皆冬月菜也。春夏不宜。

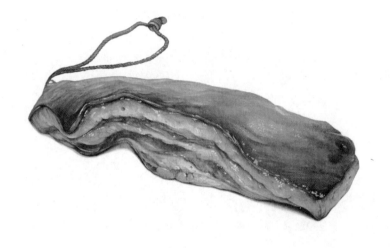

　　腊肉是腌肉的一种，主要流行于四川、湖南和广东一带，但在南方其他地区也有制作。

尹文端公家风肉

杀猪一口，斩成八块，每块炒盐四钱，细细揉擦，使之无微不到。然后高挂有风无日处。偶有虫蚀，以香油涂之。夏日取用，先放水中泡一宵，再煮，水亦不可太多太少，以盖肉面为度。削片时，用快刀横切，不可顺肉丝而斩也。此物惟尹府至精，常以进贡。今徐州风肉不及，亦不知何故。

家乡肉

杭州家乡肉，好丑不同。有上、中、下三等。大概淡而能鲜，精肉可横咬者为上品。放久即是好火腿。

笋煨火肉①

冬笋切方块，火肉切方块，同煨。火腿撤去盐水两遍，再入冰糖煨烂。席武山别驾云②：凡火肉煮好后，若留作次日吃者，须留原汤，待次日将火肉投入汤中滚热才好。若干放离汤，则风燥而肉枯；用白水，则又味淡。

【注释】

　　①火肉：即火腿。

　　②别驾：官名，清代指称副手。

烧小猪

　　小猪一个，六七斤重者，钳毛去秽，又上炭火炙之。要四面齐到，以深黄色为度。皮上慢慢以奶酥油涂之，屡涂屡炙。食时酥为上，脆次之，硬斯下矣。旗人有单用酒、秋油蒸者，亦惟吾家龙文弟，颇得其法。

烧猪肉

　　凡烧猪肉，须耐性。先炙里面肉，使油膏走入皮内，则皮

烧排骨与一般烧肉的方式接近。

松脆而味不走。若先炙皮，则肉中之油尽落火上，皮既焦硬，味亦不佳。烧小猪亦然。

排　骨

取勒条排骨精肥各半者，抽去当中直骨，以葱代之，炙用醋、酱，频频刷上，不可太枯。

罗蓑肉

以作鸡松法作之。存盖面之皮，将皮下精肉斩成碎团，加作料烹熟。聂厨能之。

端州三种肉①

一罗蓑肉。一锅烧白肉，不加作料，以芝麻、盐拌之；切片煨好，以清酱拌之。三种俱宜于家常。端州聂、李二厨所作。

特令杨二学之。

【注释】

①端州：今广东肇庆。

杨公圆

杨明府作肉圆，大如茶杯，细腻绝伦。汤尤鲜洁，入口如酥。大概去筋去节，斩之极细，肥瘦各半，用纤合匀。

黄芽菜煨火腿

用好火腿，削下外皮，去油存肉。先用鸡汤，将皮煨酥，再将肉煨酥，放黄芽菜心，连根切段，约二寸许长；加蜜、酒酿及水，连煨半日。上口甘鲜，肉菜俱化，而菜根及菜心，丝毫不散。汤亦美极。朝天宫道士法也。

蜜火腿

取好火腿，连皮切大方块，用蜜酒煨极烂，最佳。但火腿好丑、高低，判若天渊。虽出金华、兰溪、义乌三处，而有名无实者多。其不佳者，反不如腌肉矣。惟杭州忠清里王三房，四钱一斤者佳。余在尹文端公苏州公馆吃过一次，其香隔户便至，甘鲜异常。此后不能再遇此尤物矣。

杂牲单

牛、羊、鹿三牲，非南人家常时有之之物。然制法不可不知。作《杂牲单》。

牛　肉

买牛肉法，先下各铺定钱，凑取腿筋夹肉处，不精不肥。然后带回家中，剔去皮膜，用三分酒、二分水清煨，极烂；再加秋油收汤。此太牢独味孤行者也，不可加别物配搭。

　　我国的食用牛肉，主要是黄牛和水牛，由于纤维较粗，牛肉的烹饪时间较长。

牛 舌

牛舌最佳。去皮、撕膜、切片，入肉中同煨。亦有冬腌风干者，隔年食之，极似好火腿。

羊 头

羊头毛要去净，如去不净，用火烧之。洗净切开，煮烂去骨。其口内老皮，俱要去净。将眼睛切成二块，去黑皮，眼珠不用，切成碎丁。取老肥母鸡汤煮之，加香蕈、笋丁，甜酒四两，秋油一杯。如吃辣，用小胡椒十二颗、葱花十二段；如吃酸，用好米醋一杯。

羊 蹄

煨羊蹄，照煨猪蹄法，分红、白二色。大抵用清酱者红，

煮羊蹄的方法与煮猪蹄相近，也分红烧和白煮。

用盐者白。山药配之宜。

羊　羹

取熟羊肉斩小块，如骰子大。鸡汤煨，加笋丁、香蕈丁、山药丁同煨。

羊肚羹

将羊肚洗净，煮烂切丝，用本汤煨之。加胡椒、醋俱可。北人炒法，南人不能如其脆。钱玙沙方伯家，锅烧羊肉极佳，将求其法。

红煨羊肉

与红煨猪肉同。加刺眼核桃，放入去膻。亦古法也。

炒羊肉丝

与炒猪肉丝同。可以用纤，愈细愈佳。葱丝拌之。

烧羊肉

羊肉切大块，重五七斤者，铁叉火上烧之。味果甘脆，宜惹宋仁宗夜半之思也。

全　羊

全羊法有七十二种，可吃者不过十八九种而已。此屠龙之技，家厨难学。一盘一碗，虽全是羊肉，而味各不同才好。

《宋史·仁宗本纪》上载："宫中夜饥，思膳烧羊。"便是记录了宋仁宗赵祯到了夜半时分，还想吃烧羊肉的事。

鹿　肉

鹿肉不可轻得。得而制之，其嫩鲜在獐肉之上。烧食可，煨食亦可。

鹿筋二法

鹿筋难烂。须三日前，先捶煮之，绞出臊水数遍，加肉汁汤煨之，再用鸡汁汤煨；加秋油、酒，微纤收汤；不搀他物，便成白色，用盘盛之。如兼用火腿、冬笋、香蕈同煨，便成红色，不收汤，以碗盛之。白色者，加花椒细末。

獐　肉

制獐肉，与制牛、鹿同。可以作脯。不如鹿肉之活，而细腻过之。

果子狸

　　果子狸，鲜者难得。其腌干者，用蜜酒酿，蒸熟，快刀切片上桌。先用米泔水泡一日，去尽盐矢。较火腿觉嫩而肥。

假牛乳

　　用鸡蛋清拌蜜酒酿，打掇入化①，上锅蒸之。以嫩腻为主。火候迟便老，蛋清太多亦老。

【注释】

　　①打掇（duo）入化：这里指将鸡蛋清打散并与蜜酒酿充分融合到一起。

鹿　尾

尹文端公品味，以鹿尾为第一。然南方人不能常得。从北京来者，又苦不鲜新。余尝得极大者，用菜叶包而蒸之，味果不同。其最佳处，在尾上一道浆耳①。

【注释】

①一道浆：即鹿尾脂肪最多之处。

羽族单

鸡功最巨，诸菜赖之。如善人积阴德而人不知。故令领羽族之首，而以他禽附之。作《羽族单》

白片鸡

肥鸡白片，自是太羹、玄酒之味[①]。尤宜于下乡村、入旅店，烹饪不及之时，最为省便。煮时水不可多。

白片鸡，也叫白切鸡或白斩鸡，皮黄肉白，肥嫩鲜美。

【注释】

①太羹：古时祭祀所用肉汁。玄酒：即水。在祭祀时以水代酒。

鸡　松

肥鸡一只，用两腿，去筋骨剁碎，不可伤皮。用鸡蛋清、粉纤、松子肉，同剁成块。如腿不敷用，添脯子肉，切成方块，用香油灼黄，起放钵头内，加百花酒半斤、秋油一大杯、鸡油一铁勺，加冬笋、香蕈、姜、葱等。将所余鸡骨皮盖面，加水一大碗，下蒸笼蒸透，临吃去之。

生炮鸡

小雏鸡斩小方块，秋油、酒拌，临吃时拿起，放滚油内灼之，起锅又灼，连灼三回，盛起，用醋、酒、粉纤、葱花喷之。

鸡　粥

肥母鸡一只，用刀将两脯肉去皮细刮，或用刨刀亦可；只可刮刨，不可斩，斩之便不腻矣。再用余鸡熬汤下之。吃时加细米粉、火腿屑、松子肉，共敲碎放汤内。起锅时放葱、姜，浇鸡油，或去渣，或存渣，俱可。宜于老人。大概斩碎者去渣，刮刨者不去渣。

焦　鸡

肥母鸡洗净，整下锅煮。用猪油四两、茴香四个，煮成八分熟，再拿香油灼黄，还下原汤熬浓，用秋油、酒、整葱收起。临上片碎，并将原卤浇之，或拌蘸亦可。此杨中丞家法也。方辅兄家亦好。

捶　鸡

将整鸡捶碎，秋油、酒煮之。南京高南昌太守家制之最精。

炒鸡片

用鸡脯肉去皮，斩成薄片。用豆粉、麻油、秋油拌之，纤粉调之，鸡蛋清拌。临下锅加酱、瓜、姜、葱花末。须用极旺之火炒。一盘不过四两，火气才透。

蒸小鸡

用小嫩鸡雏，整放盘中，上加秋油、甜酒、香蕈、笋尖，饭锅上蒸之。

酱　鸡

生鸡一只，用清酱浸一昼夜而风干之。此三冬菜也。

鸡　丁

取鸡脯子切骰子小块，入滚油炮炒之^①，用秋油、酒收起；加荸荠丁、笋丁、香蕈丁拌之^②，汤以黑色为佳。

【注释】

①炮：把食物放入油锅猛火快炒快煎，也可称为爆。

②荸荠（bí qí）：又称马蹄、水栗。肉白色，味甘美。

鸡　圆

斩鸡脯子肉为圆，如酒杯大，鲜嫩如虾团。扬州臧八太爷家，制之最精。法用猪油、萝卜、纤粉揉成，不可放馅。

蘑菇煨鸡

　　口蘑菇四两，开水泡去砂，用冷水漂，牙刷擦，再用清水漂四次，用菜油二两炮透，加酒喷。将鸡斩块放锅内，滚去沫，下甜酒、清酱，煨八分功程，下蘑菇，再煨二分功程，加笋、葱、椒起锅，不用水，加冰糖三钱。

梨炒鸡

　　取雏鸡胸肉切片，先用猪油三两熬熟，炒三四次，加麻油一瓢，纤粉、盐花、姜汁、花椒末各一茶匙，再加雪梨薄片，香蕈小块，炒三四次起锅，盛五寸盘。

梨炒鸡，烹饪时讲求快，既有梨片的清脆爽口，且鸡肉鲜嫩。

假野鸡卷

将脯子斩碎，用鸡子一个，调清酱郁之，将网油画碎，分包小包，油里炮透，再加清酱、酒作料，香蕈、木耳起锅，加糖一撮。

黄芽菜炒鸡

将鸡切块，起油锅生炒透，酒滚二三十次，加秋油后滚二三十次，下水滚，将菜切块，俟鸡有七分熟，将菜下锅；再滚三分，加糖、葱、大料。其菜要另滚熟揽用。每一只用油四两。

栗子炒鸡

鸡斩块，用菜油二两炮，加酒一饭碗，秋油一小杯，水一饭碗，煨七分熟；先将栗子煮熟，同笋下之，再煨三分起锅，

此菜先炒后烧，甜咸适中，色泽诱人。

下糖一撮。

灼八块

嫩鸡一只，斩八块，滚油炮透，去油，加清酱一杯、酒半斤，煨熟便起，不用水，用武火。

珍珠团

熟鸡脯子，切黄豆大块，清酱、酒拌匀，用干面滚满，入锅炒。炒用素油。

黄芪蒸鸡治瘵①

取童鸡未曾生蛋者杀之，不见水，取出肚脏，塞黄芪一两，架箸放锅内蒸之，四面封口，熟时取出。卤浓而鲜，可疗弱症。

【注释】

①瘵：古时指痨病。

卤　鸡

囫囵鸡一只，肚内塞葱三十条，茴香二钱，用酒一斤、秋油一小杯半，先滚一枝香，加水一斤、脂油二两，一齐同煨；待鸡熟，取出脂油。水要用熟水，收浓卤一饭碗，才取起；或拆碎，或薄刀片之，仍以原卤拌食。

蒋　鸡

童子鸡一只，用盐四钱、酱油一匙、老酒半茶杯、姜三大片，放砂锅内，隔水蒸烂，去骨，不用水。蒋御史家法也。

唐 鸡

鸡一只，或二斤，或三斤，如用二斤者，用酒一饭碗，水三饭碗；用三斤者，酌添。先将鸡切块，用菜油二两，候滚熟，爆鸡要透。先用酒滚一二十滚，再下水约二三百滚；用秋油一酒杯；起锅时加白糖一钱。唐静涵家法也。

鸡 肝

用酒、醋喷炒，以嫩为贵。

鸡 血

取鸡血为条，加鸡汤、酱、醋、纤粉作羹，宜于老人。

鸡　丝

拆鸡为丝，秋油、芥末、醋拌之。此杭菜也。加笋芹俱可。用笋丝、秋油、酒炒之亦可。拌者用熟鸡，炒者用生鸡。

糟　鸡

糟鸡法与糟肉同。

鸡　肾

取鸡肾三十个，煮微熟，去皮，用鸡汤加作料煨之。鲜嫩绝伦。

鸡　蛋

鸡蛋去壳放碗中，将竹箸打一千回蒸之，绝嫩。凡蛋一煮而老，一千煮而反嫩。加茶叶煮者，以两炷香为度。蛋一百，用盐一两；五十，用盐五钱。加酱煨亦可。其他则或煎或炒俱可。斩碎黄雀蒸之，亦佳。

野鸡五法

野鸡披胸肉，清酱郁过，以网油包放铁奁上烧之。作方片可，作卷子亦可。此一法也。切片加作料炒，一法也。取胸肉作丁，一法也。当家鸡整煨，一法也。先用油灼拆丝，加酒、秋油、醋，同芹菜冷拌，一法也。生片其肉，入火锅中，登时便吃，亦一法也。其弊在肉嫩则味不入，味入则肉又老。

赤炖肉鸡

　　赤炖肉鸡，洗切净，每一斤用好酒十二两、盐二钱五分、冰糖四钱，研酌加桂皮，同入砂锅中，文炭火煨之。倘酒将干，鸡肉尚未烂，每斤酌加清开水一茶杯。

蘑菇煨鸡

　　鸡肉一斤，甜酒一斤，盐三钱，冰糖四钱，蘑菇用新鲜不霉者，文火煨两枝线香①为度。不可用水，先煨鸡八分熟，再下蘑菇。

【注释】

　　①线香：用树皮粉加香料制成的香。

鸽　子

鸽子加好火腿同煨，甚佳。不用火肉，亦可。

鸽　蛋

煨鸽蛋法与煨鸡肾同。或煎食亦可，加微醋亦可。

野　鸭

野鸭切厚片，秋油郁过，用两片雪梨夹住炮炒之。苏州包道台家制法最精，今失传矣。用蒸家鸭法蒸之亦可。

蒸　鸭

生肥鸭去骨，内用糯米一酒杯，火腿丁、大头菜丁、香蕈、笋丁、秋油、酒、小磨麻油、葱花，俱灌鸭肚内，外用鸡汤放盘中，隔水蒸透，此真定^①魏太守家法也。

【注释】

①真定：今河北正定。

鸭糊涂

用肥鸭白煮八分熟，冷定去骨，拆成天然不方不圆之块，下原汤内煨，加盐三钱、酒半斤、捶碎山药同下锅作纤，临煨烂时，再加姜末、香蕈、葱花。如要浓汤，加放粉纤。以芋代山药亦妙。

卤　鸭

不用水用酒，煮鸭去骨，加作料食之，高要令杨公家法也^①。

用酒煮鸭，是广东杨氏的烹饪方法。

【注释】

　　①要：今广东肇庆。

鸭　脯

　　用肥鸭斩大方块，用酒半斤、秋油一杯、笋、香蕈、葱花焖之，收卤起锅。

烧　鸭

　　用雏鸭上叉烧之。冯观察家厨最精。

挂卤鸭

　　塞葱鸭腹，盖闷而烧。水西门许店最精。家中不能作。有黄黑二色，黄者更妙。

干蒸鸭

杭州商人何星举家干蒸鸭。将肥鸭一只，洗净斩八块，加甜酒、秋油、淹满鸭面，放磁罐中封好，置干锅中蒸之；用文炭火，不用水，临上时，其精肉皆烂如泥。以线香二枝为度。

野鸭团

细斩野鸭胸前肉，加猪油微纤，调揉成团，入鸡汤滚之。或用本鸭汤亦佳。太兴孔亲家制之甚精①。

【注释】

①太兴：今江苏泰兴。

徐　鸭

顶大鲜鸭一只，用百花酒十二两，青盐一两二钱、滚水一汤碗，冲化去渣沫，再兑冷水七饭碗，鲜姜四厚片，约重一两，同入大瓦盖钵内，将皮纸封固口，用大火笼烧透大炭吉①三元（约二文一个）；外用套包一个，将火笼罩定，不可令其走气。约早点时炖起，至晚方好。速则恐其不透，味便不佳矣。其炭吉烧透后，不宜更换瓦钵，亦不宜预先开看。鸭破开时，将清水洗后，用洁净无浆布拭干入钵。

【注释】

①炭吉：燃料。

煨麻雀

取麻雀五十只，以清酱、甜酒煨之，熟后去爪脚，单取雀胸、头肉，连汤放盘中，甘鲜异常。其他鸟鹊俱可类推。但鲜者一时难得。薛生白常劝人："勿食人间豢养之物。"以野禽味鲜，且易消化。

煨鹌鹑、黄雀

鹌鹑用六合来者最佳。有现成制好者。黄雀用苏州糟，加蜜酒煨烂，下作料，与煨麻雀同。苏州沈观察煨黄雀，并骨如泥，不知作何制法。炒鱼片亦精。其厨馔之精，合吴门推为第一。

云林鹅

《倪云林集》中载制鹅法。整套鹅一只，洗净后用盐三钱擦其腹内，塞葱一帚①填实其中，外将蜜拌酒通身满涂之，锅中一大碗酒、一大碗水蒸之，用竹箸架之，不使鹅身近水。灶内用山茅二束，缓缓烧尽为度。俟锅盖冷后揭开锅盖，将鹅翻身，仍将锅盖封好蒸之，再用茅柴一束烧尽为度。柴俟其自尽，不可挑拨。锅盖用绵纸糊封，逼燥裂缝，以水润之。起锅时，不但鹅烂如泥，汤亦鲜美。以此法制鸭，味美亦同。每茅柴一束，重一斤八两。擦盐时，串入葱、椒末子，以酒和匀。《云林集》中，载食品甚多；只此一法，试之颇效，余俱附会。

【注释】

①帋：一小撮。

烧　鹅

杭州烧鹅为人所笑，以其生也。不如家厨自烧为妙。

水族有鳞单

鱼皆去鳞，惟鲥鱼不去。我道有鳞而鱼形始全。作

《水族有鳞单》

边　鱼

边鱼活者，加酒、秋油蒸之。玉色为度。一作呆白色，则肉老而味变矣。并须盖好，不可受锅盖上之水气。临起加香蕈、笋尖。或用酒煎亦佳；用酒不用水，号"假鲥鱼"。

鲫　鱼

　　鲫鱼先要善买。择其扁身而带白色者，其肉嫩而松；熟后一提，肉即卸骨而下。黑脊浑身者，崛强槎丫，鱼中之喇子也[1]，断不可食。照边鱼蒸法，最佳。其次煎吃亦妙。拆肉下可以作羹。通州人能煨之[2]，骨尾俱酥，号"酥鱼"，利小儿食。然总不如蒸食之得真味也。六合龙池出者，愈大愈嫩，亦奇。蒸时用酒不用水，稍稍用糖以起其鲜。以鱼之小大，酌量秋油、酒之多寡。

【注释】

　　①喇子：小混混。

　　②通州：指江苏南通地区。

白　鱼

　　白鱼肉最细。用糟鲥鱼同蒸之，最佳。或冬日微腌，加酒酿糟二日，亦佳。余在江中得网起活者，用酒蒸食，美不可言。

糟之最佳，不可太久，久则肉木矣。

季　鱼①

季鱼少骨，炒片最佳。炒者以片薄为贵。用秋油细郁后，用纤粉、蛋清搂之，入油锅炒，加作料炒之。油用素油。

【注释】

　①季鱼：即鳜鱼。

土步鱼①

杭州以土步鱼为上品。而金陵人贱之，目为虎头蛇，可发一笑。肉最松嫩。煎之、煮之、蒸之俱可。加腌芥作汤、作羹，尤鲜。

【注释】

　①土步鱼：又名沙鳢，杭州地区以其为上品。冬天伏于河底，贴

做鱼丸要选择刺少、肉厚的品种，用姜汁调匀，去除腥味。

沙土而游。

鱼　松

用青鱼、鲩鱼蒸熟[1]，将肉拆下，放油锅中灼之，黄色，加盐花、葱、椒、瓜、姜。冬日封瓶中，可以一月。

【注释】

①鲩（huàn）鱼：即草鱼，也称鲩，鲩鱼。

鱼　圆

用白鱼、青鱼活者，剖半钉板上，用刀刮下肉，留刺在板上；将肉斩化，用豆粉、猪油拌，将手搅之；放微微盐水，不用清酱，加葱、姜汁作团，成后，放滚水中煮熟撩起，冷水养之，临吃入鸡汤、紫菜滚。

鱼　片

　　取青鱼、季鱼片，秋油郁之，加纤纷、蛋清，起油锅炮炒，用小盘盛起，加葱、椒、瓜、姜，极多不过六两，太多则火气不透。

连鱼豆腐

　　用大连鱼煎熟，加豆腐，喷酱、水、葱、酒滚之，俟汤色半红起锅，其头味尤美。此杭州菜也。用酱多少，须相鱼而行。

醋搂鱼

　　用活青鱼切大块，油灼之，加酱、醋、酒喷之，汤多为妙。俟熟即速起锅。此物杭州西湖上五柳居有名。而今则酱臭而鱼败矣。甚矣！宋嫂鱼羹①，徒存虚名。《梦粱录》不足信也。鱼

　　连鱼，即鲢鱼，有较高的营养价值。鲢鱼豆腐是一道温中补气、暖胃的养生佳肴。

不可大，大则味不入；不可小，小则刺多。

【注释】

①宋嫂鱼羹：南宋名菜，载于宋人周密所著《武林旧事》。

银　鱼

银鱼起水时，名冰鲜。加鸡汤、火腿汤煨之。或炒食甚嫩。干者泡软，用酱水炒亦妙。

台　鲞

台鲞好丑不一。出台州松门者为佳，肉软而鲜肥。生时拆之，便可当作小菜，不必煮食也；用鲜肉同煨，须肉烂时放鲞，否则，鲞消化不见矣，冻之即为鲞冻。绍兴人法也。

糟　鲞

冬日用大鲤鱼，腌而干之，入酒糟，置坛中，封口。夏日食之。不可烧酒作泡。用烧酒者，不无辣味。

虾子勒鲞①

夏日选白净带子勒鲞，放水中一日，泡去盐味，太阳晒干，入锅油煎，一面黄取起，以一面未黄者铺上虾子，放盘中，加白糖蒸之，以一炷香为度。三伏日食之绝妙。

【注释】

①勒鲞：即鳓鱼。

鱼　脯

活青鱼去头尾，斩小方块，盐腌透，风干，入锅油煎；加作料收卤，再炒芝麻滚拌起锅。苏州法也。

家常煎鱼

家常煎鱼，须要耐性。将鲜鱼洗净，切块盐腌，压扁，入油中两面熯黄①，多加酒、秋油，文火慢慢滚之，然后收汤作卤，使作料之味全入鱼中。第此法指鱼之不活者而言。如活者，又以速起锅为妙。

【注释】

①熯（hàn）：即煎。

黄姑鱼

岳州出小鱼，长二三寸，晒干寄来。加酒剥皮，放饭锅上，蒸而食之，味最鲜，号"黄姑鱼"。

水族无鳞单

鱼无鳞者，其腥加倍，须加意烹饪；以姜、桂胜之。

作《水族无鳞单》。

汤　鳗

鳗鱼最忌出骨。因此物性本腥重，不可过于摆布，失其天真，犹鲥鱼之不可去鳞也。清煨者，以河鳗一条，洗去滑涎，斩寸为段，入磁罐中，用酒水煨烂，下秋油起锅，加冬腌新芥菜作汤，重用葱、姜之类，以杀其腥。常熟顾比部家[①]，用纤粉、山药干煨，亦妙。或加作料，直置盘中蒸之，不用水。家致华分司蒸鳗最佳②。秋油、酒四六兑，务使汤浮于本身。起笼时，尤要恰好，迟则皮皱味失。

【注释】

①比部：古代官署名。三国时魏始设，是尚书的一个办事机构。

②分司：明清时期官名，管理盐务的官员。

红煨鳗

鳗鱼用酒、水煨烂，加甜酱代秋油，入锅收汤煨干，加茴香、大料起锅。有三病宜戒者：一皮有皱纹，皮便不酥；一肉散碗中，箸夹不起；一早下盐豉，入口不化。扬州朱分司家，制之最精。大抵红煨者以干为贵，使卤味收入鳗肉中。

炸　鳗

择鳗鱼大者，去首尾，寸断之。先用麻油炸熟，取起；另

红烧鳗鱼时不能用急火，如果鳗鱼过熟，容易影响口感。

将鲜蒿菜嫩尖入锅中，仍用原油炒透，即以鳗鱼平铺菜上，加作料，煨一炷香。蒿菜分量，较鱼减半。

生炒甲鱼

将甲鱼去骨，用麻油炮炒之，加秋油一杯、鸡汁一杯。此真定魏太守家法也。

酱炒甲鱼

将甲鱼煮半熟，去骨，起油锅炮炒，加酱水、葱、椒，收汤成卤，然后起锅。此杭州法也。

带骨甲鱼

要一个半斤重者，斩四块，加脂油三两，起油锅煎两面黄，加水、秋油、酒煨；先武火，后文火，至八分熟加蒜，起锅用葱、

本书所记之甲鱼，烹饪方法均需先炸后煨，作料复杂。

姜、糖。甲鱼宜小不宜大。俗号"童子脚鱼"才嫩。

青盐甲鱼

斩四块，起油锅炮透。每甲鱼一斤，用酒四两、大茴香三钱、盐一钱半，煨至半好，下脂油二两；切小豆块再煨，加蒜头、笋尖，起时用葱、椒，或用秋油，则不用盐。此苏州唐静涵家法。甲鱼大则老，小则腥，须买其中样者。

汤煨甲鱼

将甲鱼白煮，去骨拆碎，用鸡汤、秋油、酒煨汤二碗，收至一碗，起锅，用葱、椒、姜末糁之。吴竹屿家制之最佳。微用纤，才得汤腻。

全壳甲鱼

山东杨参将家[1]，制甲鱼去首尾，取肉及裙，加作料煨好，仍以原壳覆之。每宴客，一客之前以小盘献一甲鱼。见者悚然，犹虑其动。惜未传其法。

【注释】

①参将：旧武官名，清代职位次于副将。

鳝丝羹

鳝鱼煮半熟，划丝去骨，加酒、秋油煨之，微用纤粉，用真金菜、冬瓜、长葱为羹。南京厨者辄制鳝为炭，殊不可解。

　　鳝鱼营养丰富，将鳝鱼煮熟后剖成两片去鱼骨，再用刀切丝，作羹烹饪。

炒鳝

拆鳝丝炒之，略焦，如炒肉鸡之法，不可用水。

段鳝

切鳝以寸为段，照煨鳗法煨之，或先用油炙，使坚，再以冬瓜、鲜笋、香蕈作配，微用酱水，重用姜汁。

虾圆

虾圆照鱼圆法。鸡汤煨之，干炒亦可。大概捶虾时，不宜过细，恐失真味。鱼圆亦然。或竟剥虾肉，以紫菜拌之，亦佳。

虾　饼

以虾捶烂，团而煎之，即为虾饼。

醉　虾

带壳用酒炙黄，捞起，加清酱、米醋煨之，用碗闷之。临食放盘中，其壳俱酥。

炒　虾

炒虾照炒鱼法，可用韭配。或加冬腌芥菜，则不可用韭矣。有捶扁其尾单炒者，亦觉新异。

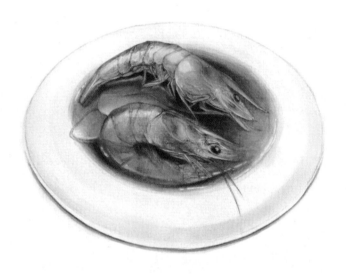

鲜虾浸酒并以醋煮，虾壳酥软，入口鲜香。

　　参照炒鱼的方法，也可以用韭菜配料，若加入冬腌芥菜，也可以不配韭菜。

蟹

蟹宜独食，不宜搭配他物。最好以淡盐汤煮熟，自剥自食为妙。蒸者味虽全，而失之太淡。

蟹　羹

剥蟹为羹，即用原汤煨之，不加鸡汁，独用为妙。见俗厨从中加鸭舌，或鱼翅，或海参者，徒夺其味，而惹其腥恶，劣极矣！

炒蟹粉

以现剥现炒之蟹为佳。过两个时辰，则肉干而味失。

螃蟹适合单独烹食，不宜与其他食材搭配。

剥壳蒸蟹

将蟹剥壳，取肉、取黄，仍置壳中，放五六只在生鸡蛋上蒸之。上桌时完然一蟹，惟去爪脚。比炒蟹粉觉有新色。杨兰坡明府，以南瓜肉拌蟹，颇奇。

蛤　蜊

剥蛤蜊肉，加韭菜炒之佳。或为汤亦可。起迟便枯。

蚶[①]

蚶有三吃法。用热水喷之，半熟去盖，加酒、秋油醉之；或用鸡汤滚熟，去盖入汤；或全去其盖，作羹亦可。但宜速起，迟则肉枯。蚶出奉化县，品在车螯、蛤蜊之上[②]。

　　将蛤蜊肉剥下，加韭菜炒味佳。或者用来做汤。起锅不能太慢，慢则易变老。

【注释】

　　①蚶（hān）：软体动物，贝壳可入药，肉味鲜美。

　　②车螯（áo）：海生软体动物，肉可食。

车　螯①

　　先将五花肉切片，用作料闷烂。将车螯洗净，麻油炒，仍将肉片连卤烹之。秋油要重些，方得有味。加豆腐亦可。车螯从扬州来，虑坏则取壳中肉，置猪油中，可以远行。有晒为干者，亦佳。入鸡汤烹之，味在蛏干之上。捶烂车螯作饼，如虾饼样，煎吃加作料亦佳。

程泽弓蛏干

　　程泽弓商人家制蛏干，用冷水泡一日，滚水煮两日，撤汤五次。一寸之干，发开有二寸，如鲜蛏一般，才入鸡汤煨之。扬州人学之，俱不能及。

蚶的吃法有三种，或用热水烫之，使其半熟，揭盖，加酒及酱油制成醉蚶；或用鸡汤滚煮，去盖入汤；或取肉做羹。

鲜　蛏

烹蛏法与车螯同。单炒亦可。何春巢家蛏汤豆腐之炒，竟成绝品。

水　鸡①

水鸡去身用腿，先用油灼之，加秋油、甜酒、瓜、姜起锅。或拆肉炒之，味与鸡相似。

【注释】

①水鸡：青蛙的一种，泛指虎纹蛙。

熏　蛋

将鸡蛋加作料煨好，微微熏干，切片放盘中，可以佐膳。

烹饪鲜蛏的方法，与车螯相同，单独炒制也可。

茶叶蛋

鸡蛋百个，用盐一两，粗茶叶煮两枝线香为度。如蛋五十个，只用五钱盐，照数加减。可作点心。

百枚鸡蛋，用盐一两、粗茶叶煮两枝线香的时间。可作点心。

杂素菜单

菜有荤素，犹衣有表里也。富贵之人嗜素甚于嗜荤。

作《素菜单》。

蒋侍郎豆腐

豆腐两面去皮，每块切成十六片，晾干，用猪油熬，清烟起才下豆腐，略洒盐花一撮，翻身后，用好甜酒一茶杯，大虾米一百二十个；如无大虾米，用小虾米三百个；先将虾米滚泡一个时辰，秋油一小杯，再滚一回，加糖一撮，再滚一回，用

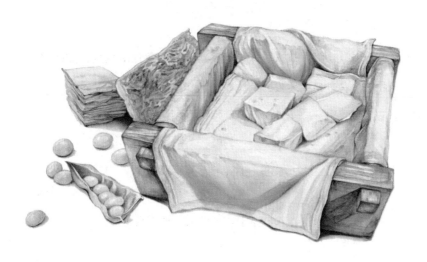

豆腐是以黄豆或绿豆为原料所制的豆制品，烹饪方法多样。

细葱半寸许长，一百二十段，缓缓起锅。

杨中丞豆腐

　　用嫩豆腐，煮去豆气，入鸡汤，同鳆鱼片滚数刻，加糟油、香蕈起锅。鸡汁须浓，鱼片要薄。

张恺豆腐

　　将虾米捣碎，入豆腐中，起油锅，加作料干炒。

庆元豆腐

　　将豆豉一茶杯，水泡烂，入豆腐同炒起锅。

芙蓉豆腐

用腐脑，放井水泡三次，去豆气，入鸡汤中滚，起锅时加紫菜、虾肉。

王太守八宝豆腐

用嫩片切粉碎，加香蕈屑、蘑菇屑、松子仁屑、瓜子仁屑、鸡屑、火腿屑，同入浓鸡汁中，炒滚起锅。用腐脑亦可。用瓢不用箸。孟亭太守云："此圣祖赐徐健庵尚书方也。尚书取方时，御膳房费一千两。"太守之祖楼村先生，为尚书门生，故得之。

程立万豆腐

乾隆廿三年，同金寿门在扬州程立万家食煎豆腐，精绝无双。其腐两面黄干，无丝毫卤汁，微有车螯鲜味，然盘中并无车螯及他杂物也。次日告查宣门，查曰："我能之！我当特请。"
已而，同杭董浦同食于查家，则上箸大笑；乃纯是鸡、雀脑为之，
并非真豆腐，肥腻难耐矣。其费十倍于程，而味远不及也。惜
其时余以妹丧急归，不及向程求方。程逾年亡。至今悔之。仍
存其名，以俟再访。

冻豆腐

将豆腐冻一夜，切方块，滚去豆味，加鸡汤汁、火腿汁、
肉汁煨之。上桌时，撤去鸡、火腿之类，单留香蕈、冬笋。豆
腐煨久则松，面起蜂窝，如冻腐矣。故炒腐宜嫩，煨者宜老。
家致华分司，用蘑菇煮豆腐，虽夏月亦照冻腐之法，甚佳。切
不可加荤汤，致失清味。

虾油豆腐

取陈虾油，代清酱炒豆腐。须两面煠黄。油锅要热，用猪油、

　　将蓬蒿菜嫩尖用油炒瘪，放入鸡汤中滚煮，起锅时加入松菌
百枚。

葱、椒。

蓬蒿菜

取蒿尖，用油灼瘪，放鸡汤中滚之，起时加松菌百枚。

蕨　菜

用蕨菜，不可爱惜，须尽去其枝叶，单取直根，洗净煨烂，再用鸡肉汤煨。必买矮弱者才肥。

葛仙米①

将米细检淘净，煮半烂，用鸡汤、火腿汤煨。临上时，要只见米，不见鸡肉、火腿搀和才佳。此物陶方伯家，制之最精。

【注释】

　　①葛仙米：又称天仙米、珍珠菜、水木耳。相传东晋道教理论家
葛洪将此物献给皇帝，皇子食后身体康健，皇帝赐名"葛仙米"。

羊肚菜①

　　羊肚菜出湖北。食法与葛仙米同。

【注释】

　　①羊肚菜：即羊肚菌。

石　发①

　　制法与葛仙米同。夏日用麻油、醋、秋油拌之，亦佳。

【注释】

　　①石发：生在水边石上的苔藻。

羊肚菜产自湖北，因为表面似蜂窝状，酷似羊肚，所以得此名。

煮烂山药，切寸段，用豆腐皮包裹起来，在油锅里煎炸，然后加入酱油、酒、糖、瓜、姜等，烧煮至颜色红亮为佳。

珍珠菜

制法与蕨菜同。上江新安所出。

素烧鹅

煮烂山药，切寸为段，腐皮包，入油煎之，加秋油、酒、糖、瓜、姜，以色红为度。

韭

韭，荤物也。专取韭白，加虾米炒之便佳。或用鲜虾亦可，蚬亦可，肉亦可。

　　韭菜属于荤菜，只用韭白，加上虾米翻炒即佳。或者用鲜虾
搭配，蚬子也可以，猪肉也可以。

芹

芹，素物也，愈肥愈妙。取白根炒之，加笋，以熟为度。今人有以炒肉者，清浊不伦。不熟者，虽脆无味。或生拌野鸡，又当别论。

豆芽

豆芽柔脆，余颇爱之。炒须熟烂，作料之味，才能融洽。可配燕窝，以柔配柔，以白配白故也。然以极贱而陪极贵，人多嗤之。不知惟巢、由正可陪尧、舜耳。

茭白[1]

茭白炒肉、炒鸡俱可。切整段，酱、醋炙之，尤佳。煨肉亦佳。须切片，以寸为度，初出太细者无味。

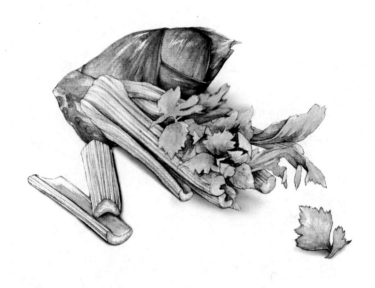

芹是素菜，越肥的芹菜越好。选白根翻炒，加入笋，以熟为度。

豆芽柔软清脆，炒时必须熟烂，作料才能入味。

【注释】

①茭白：我国特有的水生植物，古称"菰"。

青　菜

青菜择嫩者，笋炒之。夏日芥末拌，加微醋，可以醒胃。加火腿片，可以作汤。亦须现拔者才软。

台　菜

炒台菜心最懦，剥去外皮，入蘑菇、新笋作汤。炒食加虾肉，亦佳。

白　菜

白菜炒食，或笋煨亦可。火腿片煨、鸡汤煨俱可。

　　用茭白炒肉、炒鸡都可以。把茭白切成段，用酱、醋炒，味道非常好。

黄芽菜

　　此菜以北方来者为佳。或用醋搂，或加虾米煨之，一熟便吃，迟则色、味俱变。

瓢儿菜

　　炒瓢菜心，以干鲜无汤为贵。雪压后更软。王孟亭太守家，制之最精。不加别物，宜用荤油。

菠　菜

　　菠菜肥嫩，加酱水、豆腐煮之。杭人名"金镶白玉板"是也。如此种菜虽瘦而肥，可不必再加笋尖、香蕈。

菠菜肥嫩，加酱水、豆腐同煮。杭州人称其为"金镶白玉板"。

蘑　菇

蘑菇不止作汤，炒食亦佳。但口蘑最易藏沙，更易受霉，须藏之得法，制之得宜。鸡腿蘑便易收拾，亦复讨好。

松　菌

松菌加口蘑炒最佳。或单用秋油泡食，亦妙。惟不便久留耳，置各菜中，俱能助鲜，可入燕窝作底垫，以其嫩也。

面筋二法

一法面筋入油锅炙枯，再用鸡汤、蘑菇清煨。一法不炙，用水泡，切条入浓鸡汁炒之，加冬笋、天花。章淮树观察家，制之最精。上盘时宜毛撕，不宜光切。加虾米泡汁，甜酱炒之，甚佳。

　　蘑菇不仅可以做汤，炒制也非常好吃。但口蘑里容易藏沙土，容易发霉，必须收藏得法。鸡腿蘑容易清洗，非常容易烹饪。

　　卢八太爷家是将茄子切成小块，不削皮，放入油锅煎至微黄，加酱油爆炒，也非常好。

茄二法

吴小谷广文家，将整茄子削皮，滚水泡去苦汁，猪油炙之。炙时须待泡水干后，用甜酱水干煨，甚佳。卢八太爷家，切茄作小块，不去皮，入油灼微黄，加秋油炮炒，亦佳。是二法者，俱学之而未尽其妙，惟蒸烂划开，用麻油、米醋拌，则夏间亦颇可食。或煨干作脯，置盘中。

苋　羹

苋须细摘嫩尖，干炒，加虾米或虾仁，更佳。不可见汤。

芋　羹

芋性柔腻，入荤入素俱可。或切碎作鸭羹，或煨肉，或同豆腐加酱水煨。徐兆璜明府家，选小芋子，入嫩鸡煨汤，炒极！

苋菜必须摘取嫩尖，干炒，放入虾米或虾仁更好。

惜其制法未传。大抵只用作料，不用水。

豆腐皮

将腐皮泡软，加秋油、醋、虾米拌之，宜于夏日。蒋侍郎家入海参用，颇妙。加紫菜、虾肉作汤，亦相宜。或用蘑菇、笋煨清汤，亦佳。以烂为度。芜湖敬修和尚，将腐皮卷筒切段，油中微炙，入蘑菇煨烂，极佳。不可加鸡汤。

扁　豆

取现采扁豆，用肉、汤炒之，去肉存豆。单炒者油重为佳。以肥软为贵。毛糙而瘦薄者，瘠土所生，不可食。

瓠子①、王瓜

将鲴鱼切片先炒，加瓠子，同酱汁煨。王瓜亦然。

炒四季豆时，一定要炒熟炒透，可去除其毒素。

【注释】

　　①瓠(hù)子：即瓠瓜，可炒食可做汤。

煨木耳、香蕈

　　扬州定慧庵僧，能将木耳煨二分厚，香蕈煨三分厚。先取蘑菇熬汁为卤。

冬　瓜

　　冬瓜之用最多。拌燕窝、鱼肉、鳗、鳝、火腿皆可。扬州定慧庵所制尤佳。红如血珀①，不用荤汤。

【注释】

　　①血珀：血红色的琥珀。

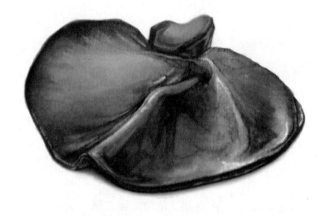

　　将木耳仔细清洗干净，煮至半烂时，再用鸡汤、火腿汤煮熟。上菜时，只见地耳，不见鸡肉、火腿为最好。

冬瓜的用处最多。配搭燕窝、鱼肉、鳗、鳝、火腿都可以。

煨鲜菱

　　煨鲜菱，以鸡汤滚之。上时将汤撤去一半。池中现起者才鲜，浮水面者才嫩。加新栗、白果煨烂，尤佳。或用糖亦可。作点心亦可。

豇　豆

　　豇豆炒肉，临上时，去肉存豆。以极嫩者，抽去其筋。

煨三笋

　　将天目笋、冬笋、问政笋，煨火鸡汤，号"三笋羹"。

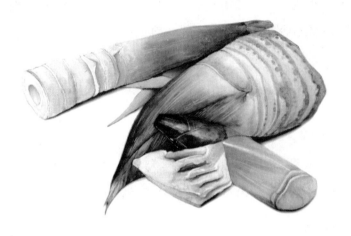

将天目笋、冬笋、问政笋，用鸡汤一同煮，名为"三笋羹"。

芋煨白菜

芋煨极烂，入白菜心，烹之，加酱水调和，家常菜之最佳者，惟白菜须新摘肥嫩者，色青则老，摘久则枯。

香珠豆

毛豆至八九月间晚收者，最阔大而嫩，号"香珠豆"。煮熟以秋油、酒泡之。出壳可，带壳亦可，香软可爱。寻常之豆，不可食也。

马　兰

马兰头菜，摘取嫩者，醋合笋拌食。油腻后食之，可以醒脾。

　　将芋头烧至软烂，再加入白菜心烹饪，加酱水调和，这是最好的家常菜。

　　毛豆到了八九月间，属于晚收，这时的毛豆最大而且鲜嫩，
号称"香珠豆"。

杨花菜

南京三月有杨花菜，柔脆与菠菜相似，名甚雅。

问政笋丝

问政笋，即杭州笋也。徽州人送者，多是淡笋干，只好泡烂切丝，用鸡肉汤煨用。龚司马取秋油煮笋，烘干上桌，徽人食之，惊为异味。余笑其如梦之方醒也。

炒鸡腿蘑菇

芜湖大庵和尚，洗净鸡腿，蘑菇去沙，加秋油、酒炒熟，盛盘宴客，甚佳。

芜湖大庵和尚，把鸡腿洗净，蘑菇去沙泥，加入酱油、酒炒熟。

猪油煮萝卜

用熟猪油炒萝卜，加虾米煨之，以极熟为度。临起加葱花，色如琥珀。

小菜单

小菜佐食，如府史胥徒佐六官也。醒脾解浊，全在于斯。作《小菜单》。

笋 脯

笋脯出处最多，以家园所烘为第一。取鲜笋加盐煮熟，上篮烘之。须昼夜环看，稍火不旺则溲矣。用清酱者，色微黑。春笋、冬笋皆可为之。

天目笋

天目笋多在苏州发卖。其篓中盖面者最佳，下二寸便搀入老根硬节矣。须出重价，专买其盖面者数十条，如集狐成腋①之义。

【注释】

①集狐成腋：集腋成裘，即积少成多。

玉兰片①

以冬笋烘片，微加蜜焉。苏州孙春杨家有盐、甜二种，以盐者为佳。

【注释】

①玉兰片：以冬笋制成的笋干，因其外形色泽有如玉兰花，故称玉兰片。

素火腿

处州①笋脯，号"素火腿"，即处片也。久之太硬，不如买毛笋自烘之为妙。

【注释】

①处州：今浙江丽水。

宣城笋脯

宣城笋尖，色黑而肥，与天目笋大同小异，极佳。

人参笋

制细笋如人参形，微加蜜水。扬州人重之，故价颇贵。

笋　油

笋十斤，蒸一日一夜，穿通其节，铺板上，如作豆腐法，上加一板压而榨之，使汁水流出，加炒盐一两，便是笋油。其笋晒干仍可作脯。天台僧制以送人。

糟　油

糟油出太仓州，愈陈愈佳。

虾　油

买虾子数斤，同秋油入锅熬之，起锅用布沥出秋油，乃将布包虾子，同放罐中盛油。

喇虎酱

秦椒捣烂，和甜酱蒸之，可用虾米搀入。

熏鱼子

熏鱼子色如琥珀，以油重为贵。出苏州孙春杨家，愈新愈妙，陈则味变而油枯。

腌冬菜①、黄芽菜

腌冬菜、黄芽菜，淡则味鲜，咸则味恶。然欲久放，则非盐不可。尝腌一大坛，三伏时开之，上半截虽臭、烂，而下半截香美异常，色白如玉。甚矣！相士之不可但观皮毛也。

【注释】

①冬菜：即大白菜。

莴苣

食莴苣有二法：新酱者，松脆可爱。或腌之为脯，切片食甚鲜。然必以淡为贵，咸则味恶矣。

香干菜

春芥心风干，取梗淡腌，晒干，加酒、加糖、加秋油，拌后再加蒸之，风干入瓶。

冬芥

冬芥名雪里红。一法整腌，以淡为佳；一法取心风干，斩碎，腌入瓶中，熟后杂鱼羹中，极鲜。或用醋煨，入锅中作辣菜亦可，

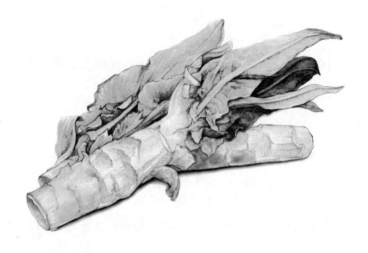

　　莴苣的烹饪方法有两种：新酱出来的，松脆可爱；腌制为脯，切片食用非常鲜嫩。

　　将春芥心风干，取梗略加盐腌制，晒干，加入酒、糖、酱油，拌匀后蒸熟，风干入瓶。

煮鳗、煮鲫鱼最佳。

春 芥

取芥心风干、斩碎，腌熟入瓶，号称"挪菜"。

芥 头

芥根切片，入菜同腌，食之甚脆。或整腌，晒干作脯，食
之尤妙。

芝麻菜

腌芥晒干，斩之碎极，蒸而食之，号"芝麻菜"。老人所宜。

腐干丝

将好腐干切丝极细，以虾子、秋油拌之。

风瘪菜

将冬菜取心风干，腌后榨出卤，小瓶装之，泥封其口，倒放灰上。夏食之，其色黄，其臭香。

糟　菜

取腌过风瘪菜，以菜叶包之，每一小包，铺一面香糟，重叠放坛内。取食时，开包食之，糟不沾菜，而菜得糟味。

酸　菜

冬菜心风干微腌，加糖、醋、芥末，带卤入罐中，微加秋油亦可。席间醉饱之余，食之醒脾解酒。

台菜心

取春日台菜心腌之，榨出其卤，装小瓶之中，夏日食之。风干其花，即名菜花头，可以烹肉。

大头菜

大头菜出南京承恩寺，愈陈愈佳。入荤菜中，最能发鲜。

萝卜

萝卜取肥大者，酱一二日即吃，甜脆可爱。有侯尼能制为鲞，煎片如蝴蝶，长至丈许，连翩不断，亦一奇也。承恩寺有卖者，用醋为之，以陈为妙。

乳腐

乳腐，以苏州温将军庙前者为佳，黑色而味鲜。有干、湿二种，有虾子腐亦鲜，微嫌腥耳。广西白乳腐最佳。王库官家制亦妙。

酱炒三果

核桃、杏仁去皮，榛子不必去皮。先用油炮脆，再下酱，不可太焦。酱之多少，亦须相物而行。

乳腐，以苏州温将军庙前所出的最好，呈黑色且味道鲜美。

　　将核桃、杏仁去皮，榛子不用去皮。先用油炸脆，然后下酱，
不能炸焦。

酱石花①

将石花洗净入酱中，临吃时再洗。一名麒麟菜。

【注释】

①石花：即石花菜，可拌凉菜，也可制成凉粉。是提取琼脂的主要原料。

石花糕

将石花熬烂作膏，仍用刀划开，色如蜜蜡。

小松菌

将清酱同松菌入锅滚熟，收起，加麻油入罐中，可食二日，久则味变。

鲜嫩的海蜇，用甜酒浸泡，颇有风味。

吐蚨①

　　吐蚨出兴化、泰兴。有生成极嫩者，用酒酿浸之，加糖则自吐其油，名为泥螺，以无泥为佳。

【注释】

　　①蚨：即泥螺。

海蜇

　　用嫩海蜇，甜酒浸之，颇有风味。其光者名为白皮，作丝，酒、醋同拌。

虾子鱼

　　虾子鱼出苏州。小鱼生而有子。生时烹食之，较美于鲞。

酱　姜

生姜取嫩者微腌，先用粗酱套^①之，再用细酱套之，凡三套而始成。古法用蝉退一个入酱，则姜久而不老。

【注释】

①套：指糊在生姜上进行腌制。

酱　瓜

将瓜腌后，风干入酱，如酱姜之法。不难其甜，而难其脆。杭州施鲁箴家，制之最佳。据云：酱后晒干又酱，故皮薄而皱，上口脆。

将瓜腌制后，风干入酱，与酱姜相同。

新蚕豆

新蚕豆之嫩者，以腌芥菜炒之，甚妙。随采随食方佳。

腌 蛋

腌蛋以高邮为佳①，颜色红而油多。高文端公最喜食之。席间先夹取以敬客。放盘中，总宜切开带壳，黄、白兼用；不可存黄去白，使味不全，油亦走散。

【注释】

①高邮：今江苏高邮地区。

混 套

将鸡蛋外壳微敲一小洞，将清、黄倒出，去黄用清，加浓鸡卤煨就者拌入，用箸打良久，使之融化，仍装入蛋壳中，上用纸封好，饭锅蒸熟，剥去外壳，仍浑然一鸡卵，此味极鲜。

茭瓜脯

茭瓜入酱，取起风干，切片成脯，与笋脯相似。

牛首腐干

豆腐干以牛首僧制者为佳。但山下卖此物者有七家，惟晓堂和尚家所制方妙。

酱王瓜

王瓜初生时，择细者腌之入酱，脆而鲜。

点心单

梁昭明以点心为小食，郑傪嫂劝叔"且点心"，由来旧矣。作《点心单》。

鳗 面

大鳗一条蒸烂，拆肉去骨，和入面中，入鸡汤清揉之，擀成面皮，小刀划成细条，入鸡汁、火腿汁、蘑菇汁滚。

　　将细面入汤煮熟后沥干，放入碗中，用鸡肉、香菇制成卤汁。到吃的时候，各自取卤和面食用。

温 面

将细面下汤沥干，放碗中，用鸡肉、香蕈浓卤，临吃，各自取瓢加上。

鳝 面

熬鳝成卤，加面再滚。此杭州法。

裙带面

以小刀截面成条，微宽，则号"裙带面"。大概作面，总以汤多为佳，在碗中望不见面为妙。宁使食毕再加，以便引人入胜。此法扬州盛行，恰甚有道理。

素　面

先一日将蘑菇蓬熬汁，定清；次日将笋熬汁，加面滚上。此法扬州定慧庵僧人制之极精，不肯传人。然其大概亦可仿求。其纯黑色的，或云暗用虾汁、蘑菇原汁，只宜澄去泥沙，不重换水；一换水，则原味薄矣。

蓑衣饼

干面用冷水调，不可多，揉擀薄后，卷拢再擀薄了，用猪油、白糖铺匀，再卷拢擀成薄饼，用猪油煠黄。如要盐的，用葱椒盐亦可。

虾　饼

生虾肉，葱盐、花椒、甜酒脚少许，加水和面，香油灼透。

　　把干面粉用冷水调和，不要太多水。揉好、擀薄以后，卷拢再擀薄，把猪油、白糖均匀地抹在面上，再卷拢后擀成薄饼，用猪油煎至黄色。

薄　饼

山东孔藩台家制薄饼[1]，薄若蝉翼，大若茶盘，柔腻绝伦。家人如其法为之，卒不能及，不知何故。秦人制小锡罐，装饼三十张。每客一罐。饼小如柑。罐有盖，可以贮。馅用炒肉丝，其细如发。葱亦如之。猪、羊并用，号曰"西饼"。

【注释】

①藩台：明清时期布政使司的别称，也叫藩司。

松　饼

南京莲花桥，教门方店最精。

擀面摊开，裹肉为馅蒸熟。

面老鼠

以热水和面，俟鸡汁滚时，以箸夹入，不分大小，加活菜心，别有风味。

颠不棱（即肉饺也）

糊面摊开，裹肉为馅蒸之。其讨好处，全在作馅得法，不过肉嫩、去筋、作料而已。余到广东，吃官镇台颠不棱，甚佳。中用肉皮煨膏为馅，故觉软美。

肉馄饨

作馄饨，与饺同。

韭　合

韭菜切末拌肉，加作料，面皮包之，入油灼之。面内加酥更妙。

糖饼（又名面衣）

糖水溲面[①]，起油锅令热，用箸夹入；其作成饼形者，号"软锅饼"，杭州法也。

【注释】

①溲（sōu）：溲，浸泡。

烧　饼

用松子、胡桃仁敲碎，加糖屑、脂油，和面炙之，以两面

　　把韭菜切成末，拌肉馅，加上作料，用面皮包好，放入油锅烙制。

用糖水和面，起油锅烧热，用筷子把面饼夹入热油中烙熟。

熯黄为度，而加芝麻。扣儿①会做，面罗至四五次，则白如雪矣。须用两面锅，上下放火，得奶酥更佳。

【注释】

①扣儿：人名。

千层馒头

杨参戎家制馒头，其白如雪，揭之如有千层。金陵人不能也。其法扬州得半，常州、无锡亦得其半。

面　茶

熬粗茶汁，炒面兑入，加芝麻酱亦可，加牛乳亦可，微加一撮盐。无乳则加奶酥、奶皮亦可。

面茶

杏 酪

捶杏仁作浆，挍去渣，拌米粉，加糖熬之。

粉 衣

如作面衣之法。加糖、加盐俱可，取其便也。

竹叶粽

取竹叶裹白糯米煮之。尖小，如初生菱角。

萝卜汤圆

萝卜刨丝滚熟，去臭气，微干，加葱、酱拌之，放粉团中作馅，再用麻油灼之。汤滚亦可。春圃方伯家制萝卜饼，扣儿学会，可照此法作韭菜饼、野鸡饼试之。

水粉汤圆①

用水粉和作汤圆，滑腻异常，中用松仁、核桃、猪油、糖作馅，或嫩肉去筋丝捶烂，加葱末、秋油作馅亦可。作水粉法，以糯米浸水中一日夜，带水磨之，用布盛接，布下加灰，以去其渣，取细粉晒干用。

【注释】

①水粉：即水磨糯米粉。

脂油糕

用纯糯粉拌脂油，放盘中蒸熟，加冰糖捶碎，入粉中，蒸好用刀切开。

用水磨粉制作汤圆，非常滑腻。

雪花糕

蒸糯饭捣烂，用芝麻屑加糖为馅，打成一饼，再切方块。

软香糕

软香糕，以苏州都林桥为第一。其次虎丘糕，西施家为第二。南京南门外报恩寺则第三矣。

百果糕

杭州北关外卖者最佳。以粉糯，多松仁、胡桃，而不放橙丁者为妙。其甜处非蜜非糖，可暂可久。家中不能得其法。

栗　糕

煮栗极烂，以纯糯粉加糖为糕蒸之，上加瓜仁、松子。此重阳小食也。

青糕、青团

捣青草为汁，和粉作粉团，色如碧玉。

合欢饼

蒸糕为饭，以木印印之，如小珙璧状，入铁架熯之，微用油，方不粘架。

【注释】

①珙（gǒng）璧：古玉器，两手合持的大璧。

鸡豆糕

研碎鸡豆，用微粉为糕，放盘中蒸之。临食用小刀片开。

鸡豆粥

磨碎鸡豆为粥，鲜者最佳，陈者亦可。加山药、茯苓尤妙。

金 团

杭州金团，凿木为桃、杏、元宝之状，和粉搦成[1]，入木印中便成。其馅不拘荤素。

【注释】

①搦（nuò）：用手反复揉捏。

藕粉、百合粉

藕粉非自磨者，信之不真。百合粉亦然。

麻　团

蒸糯米捣烂为团，用芝麻屑拌糖作馅。

芋粉团

磨芋粉晒干，和米粉用之。朝天宫道士制芋粉团，野鸡馅，极佳。

把煮熟的糯米捣烂成团，再用芝麻末拌糖作馅。

熟　藕

藕须贯米加糖自煮，并汤极佳。外卖者多用灰水，味变，不可食也。余性爱食嫩藕，虽软熟而以齿决，故味在也。如老藕一煮成泥，便无味矣。

新栗、新菱

新出之栗，烂煮之，有松子仁香。厨人不肯煨烂，故金陵人有终身不知其味者。新菱亦然。金陵人待其老方食故也。

莲　子

建莲虽贵，不如湖莲之易煮也。大概小熟，抽心去皮，后下汤，用文火煨之，闷住合盖，不可开视，不可停火。如此两炷香，则莲子熟时，不生骨①矣。

将藕与加糖的米放在一起煮熟，淋上藕汁，甚好。

新出的栗子，煮熟，有松子的香味。新菱也是一样。

福建的莲子虽然贵，但是不如湖南莲子容易烹煮。

【注释】

①骨：生硬。

芋

十月天晴时，取芋子、芋头，晒之极干，放草中，勿使冻伤。春间煮食，有自然之甘。俗人不知。

萧美人点心

仪真南门外，萧美人善制点心，凡馒头、糕、饺之类，小巧可爱，洁白如雪。

刘方伯月饼

用山东飞面，作酥为皮，中用松仁、核桃仁、瓜子仁为细末，微加冰糖和猪油作馅，食之不觉甚甜，而香松柔腻，迥异寻常。

　　十月天晴时，用芋子、芋头，晒至极干，放在草中，不能让它冻伤，到开春时煮食，有自然的甘甜。

　　用山东所产的面粉制成酥皮，中间用研成粉末的松仁、核桃仁、瓜子仁，加入冰糖和猪油作馅，食用时并不觉得甜腻，与普通的月饼不一样。

陶方伯十景点心

每至年节，陶方伯夫人手制点心十种，皆山东飞面所为。奇形诡状，五色纷披。食之皆甘，令人应接不暇。萨制军云："吃孔方伯薄饼，而天下之薄饼可废；吃陶方伯十景点心，而天下之点心可废。"自陶方伯亡，而此点心亦成《广陵散》矣。呜呼！

杨中丞西洋饼

用鸡蛋清和飞面作稠水，放碗中。打铜夹剪一把，头上作饼形，如蝶大，上下两面，铜合缝处不到一分。生烈火烘铜夹，撩稠水，一糊一夹一熯，顷刻成饼。白如雪，明如绵纸，微加冰糖、松仁屑子。

白云片

南殊锅巴，薄如绵纸，以油炙之，微加白糖，上口极脆。金陵人制之最精，号"白云片"。

风枵①

以白粉浸透，制小片入猪油灼之，起锅时加糖糁之，色白如霜，上口而化。杭人号曰"风枵"。

【注释】

①风枵（xiāo）：枵，空虚。这里形容轻、薄，风可吹动。

三层玉带糕

以纯糯粉作糕，分作三层：一层粉，一层猪油、白糖，夹好蒸之，蒸熟切开。苏州人法也。

运司糕

卢雅雨作运司①，年已老矣。扬州店中作糕献之，大加称赏。从此遂有"运司糕"之名。色白如雪，点胭脂，红如桃花。微糖作馅，淡而弥旨。以运司衙门前店作为佳。他店粉粗色劣。

【注释】

①运司：官名，管理漕运的官员。

沙　糕

糯粉蒸糕，中夹芝麻、糖屑。

小馒头、小馄饨

作馒头如胡桃大，就蒸笼食之。每箸可夹一双。扬州物也。扬州发酵最佳。手捺之不盈半寸，放松仍隆然而高。小馄饨小如龙眼，用鸡汤下之。

雪蒸糕法

每磨细粉，用糯米二分，粳米八分为则，一拌粉，将粉置盘中，用凉水细细洒之，以捏则如团、撒则如砂为度。将粗麻筛筛出，其剩下块搓碎，仍于筛上尽出之，前后和匀，使干湿不偏枯①，以巾覆之，勿令风干日燥，听用。（水中酌加上洋糖则更有味，拌粉与市中枕儿糕法同。）一锡圈及锡钱②，俱宜洗剔极净，临时略将香油和水，布蘸拭之。每一蒸后，必一洗一拭。一锡圈内，将锡钱置妥，先松装粉一小半，将果馅轻置当中，后将粉松装满圈，轻轻挡平③，套汤瓶上盖之，视盖口气直冲为度。取出覆之，先去圈，后去钱，饰以胭脂，两圈更递为用。一汤瓶宜洗净，置汤分寸以及肩为度。然多滚则汤易涸，宜留心看视，备热水频添。

【注释】

①偏枯：不均匀。

②锡圈及锡钱：做蒸糕的模具。

③挡：槌打。

作酥饼法

冷定脂油一碗，开水一碗，先将油同水搅匀，入生面，尽揉要软，如擀饼一样，外用蒸熟面入脂油，合作一处，不要硬了。然后将生面做团子，如核桃大，将熟面亦作团子，略小一晕，再将熟面团子包在生面团子中，擀成长饼，长可八寸，宽二三寸许，然后折叠如碗样，包上穰子①。

【注释】

①穰（ráng）子：谷叶包裹。

天然饼

泾阳张荷塘明府，家制天然饼，用上白飞面，加微糖及脂油为酥，随意搦成饼样，如碗大，不拘方圆，厚二分许。用洁净小鹅子石，衬而之，随其自为凹凸，色半黄便起，松美异常。或用盐亦可。

花边月饼

明府家制花边月饼，不在山东刘方伯之下。余尝以轿迎其女厨来园制造，看用飞面拌生猪油子团百搦，才用枣肉嵌入为馅，裁如碗大，以手搦其四边菱花样。用火盆两个，上下覆而炙之。枣不去皮，取其鲜也；油不先熬，取其生也。含之上口而化，甘而不腻，松而不滞，其工夫全在搦中，愈多愈妙。

制馒头法

偶食新明府馒头，白细如雪，面有银光，以为是北面之故。龙云不然。面不分南北，只要罗得极细。罗筛至五次，则自然白细，不必北面也。惟做酵最难。请其庖人来教，学之卒不能松散。

扬州洪府粽子

洪府制粽，取顶高糯米，捡其完善长白者，去其半颗散碎者，淘之极熟，用大箬叶①裹之，中放好火腿一大块，封锅闷煨一日一夜，柴薪不断。食之滑腻温柔，肉与米化。或云：即用火腿肥者斩碎，散置米中。

【注释】

①箬叶：宽大的竹叶。

　　洪府所做的粽子，取顶好的糯米，挑选其中粒长饱满的，去掉散碎的，淘洗干净。用大竹叶包裹，中间放上一块上好的火腿，放进锅中焖烧一天一夜，柴火不可间断。

饭粥单

粥饭本也，余菜末也。本立而道生。作《饭粥单》。

饭

　　王莽云："盐者，百肴之将。"余则曰："饭者，百味之本。"《诗》称："释之溲溲①，蒸之浮浮②。"是古人亦吃蒸饭。然终嫌米汁不在饭中。善煮饭者，虽煮如蒸，依旧颗粒分明，入口软糯。其诀有四：一要米好，或"香稻"，或"冬霜"，或"晚米"，或"观音籼"，或"桃花籼"，春之极熟，霉天风摊播之，不使惹霉发疹。一要善淘，淘米时不惜工夫，用手揉擦，使水从箩中淋出，竟成清水，无复米色。一要用火先武后文，闷起得宜。一要相米放水，不多不少，燥湿得宜。往往见富贵人家，讲菜不讲饭，逐末忘本，真为可笑。余不喜汤浇饭，恶失饭之本味故也。汤果佳，宁一口吃汤，一口吃饭，分前后食之，方两全其美。不得已，则用茶、用开水淘之，犹不夺饭之正味。饭之甘，在百味之上；知味者，遇好饭不必用菜。

【注释】

①释：指用水淘米。溲（sōu）溲：淘米声。

②浮：热气上腾的样子。

粥

见水不见米，非粥也；见米不见水，非粥也。必使水米融洽，柔腻如一，而后谓之粥。尹文端公曰："宁人等粥，毋粥等人。"此真名言，防停顿而味变汤干故也。近有为鸭粥者，入以荤腥；为八宝粥者，入以果品，俱失粥之正味。不得已，则夏用绿豆，

　　夏天用绿豆加入粥中，冬天用黍米加入粥中，以五谷入五谷，无妨。

冬用黍米，以五谷入五谷，尚属不妨。余尝食于某观察家，诸菜尚可，而饭粥粗粝，勉强咽下，归而大病。尝戏语人曰：此是五脏神暴落难，是故自禁受不得。

茶酒单

七碗生风，一杯忘世，非饮用六清不可。作《茶酒单》。

茶

欲治好茶，先藏好水。水求中泠、惠泉。人家中何能置驿而办？然天泉水、雪水，力能藏之。水新则味辣，陈则味甘。尝尽天下之茶，以武夷山顶所生、冲开白色者为第一。然入贡尚不能多，况民间乎？其次，莫如龙井。清明前者，号"莲心"，太觉味淡，以多用为妙；雨前最好，一旗一枪，绿如碧玉。收法须用小纸包，每包四两，放石灰坛中，过十日则换石灰，上用纸盖扎住，否则气出而色味全变矣。烹时用武火，用穿心罐，一滚便泡，滚久则水味变矣。停滚再泡，则叶浮矣。一泡便饮，用盖掩之，则味又变矣。此中消息，间不容发也。山西裴中丞尝谓人曰："余昨日过随园，才吃一杯好茶。"呜呼！公山西人也，能为此言。而我见士大夫生长杭州，一入宦场便吃熬茶，其苦如药，其色如血。此不过肠肥脑满之人吃槟榔法也。俗矣！除吾乡龙井外，余以为可饮者，胪列于后①。

【注释】

　①胪（lú）列：陈列，罗列。

武夷茶

　余向不喜武夷茶，嫌其浓苦如饮药。然丙午秋，余游武夷到曼亭峰、天游寺诸处。僧道争以茶献。杯小如胡桃，壶小如香橼①，每斟无一两。上口不忍遽咽②，先嗅其香，再试其味，徐徐咀嚼而体贴之。果然清芬扑鼻，舌有余甘，一杯之后，再试一二杯，令人释躁平矜，怡情悦性。始觉龙井虽清而味薄矣；阳羡虽佳而韵逊矣。颇有玉与水晶，品格不同之故。故武夷享天下盛名，真乃不忝③。且可以瀹至三次④，而其味犹未尽。

【注释】

①香橼：云香料，柑橘属，可入药。

②遽（jù）：马上，急忙。

③不忝（tiǎn）：不愧。

④瀹（yuè）：煮。

龙井茶

杭州山茶，处处皆清，不过以龙井为最耳。每还乡上冢①，见管坟人家送一杯茶，水清茶绿，富贵人所不能吃者也。

【注释】

①冢（zhǒng）：坟墓。

常州阳羡茶

阳羡茶，深碧色，形如雀舌，又如巨米。味较龙井略浓。

洞庭君山茶

洞庭君山出茶，色味与龙井相同。叶微宽而绿过之。采掇最少。方毓川抚军曾惠两瓶，果然佳绝。后有送者，俱非真君山物矣。

此外如六安、银针、毛尖、梅片、安化，概行黜落。

酒

余性不近酒，故律酒过严，转能深知酒味。今海内动行绍兴，然沧酒之清，浔酒之洌，川酒之鲜，岂在绍兴下哉！大概酒似耆老宿儒①，越陈越贵，以初开坛者为佳，谚所谓"酒头茶脚"是也。炖法不及则凉，太过则老，近火则味变。须隔水炖，而谨塞其出气处才佳。取可饮者，开列于后。

【注释】

①耆（qí）老宿儒：指素有学识声望的老人。

金坛于酒

于文襄公家所造，有甜、涩二种，以涩者为佳。一清彻骨，色若松花。其味略似绍兴，而清洌过之。

德州卢酒

卢雅雨转运家所造，色如于酒，而味略厚。

四川郫筒酒

郫筒酒①，清冽彻底，饮之如梨汁蔗浆，不知其为酒也。但从四川万里而来，鲜有不味变者。余七饮郫筒，惟杨笠湖刺史木簰上所带为佳②。

【注释】

①郫（pí）：郫江，在四川。

②木簰：木排。

绍兴酒

绍兴酒，如清官廉吏，不参一毫假，而其味方真。又如名士耆英，长留人间，阅尽世故，而其质愈厚。故绍兴酒，不过五年者不可饮，参水者亦不能过五年。余常称绍兴为名士，烧酒为光棍。

湖州南浔酒

湖州南浔酒，味似绍兴，而清辣过之。亦以过三年者为佳。

常州兰陵酒

唐诗有"兰陵美酒郁金香，玉碗盛来琥珀光"之句。余过常州，相国刘文定公饮以八年陈酒，果有琥珀之光。然味太浓厚，不复有清远之意矣。宜兴有蜀山酒，亦复相似。至于无锡酒，用天下第二泉所作，本是佳品，而被市井人苟且为之，遂至浇淳散朴，殊可惜也。据云有佳者，恰未曾饮过。

溧阳乌饭酒

余素不饮。丙戌年①，在溧水叶比部家，饮乌饭酒至十六杯，傍人大骇，来相劝止。而余犹颓然，未忍释手。其色黑，其味甘鲜，口不能言其妙。据云溧水风俗：生一女，必造酒一坛，以青精饭为之。俟嫁此女，才饮此酒。以故极早亦须十五六年。打瓮时只剩半坛，质能胶口②，香闻室外。

【注释】

①丙戌年：乾隆三十一年，1776 年。

②胶口：粘唇。

苏州陈三白酒

乾隆三十年，余饮于苏州周慕庵家。酒味鲜美，上口粘唇，在杯满而不溢。饮至十四杯，而不知是何酒，问之，主人曰："陈十余年之三白酒也。"因余爱之，次日再送一坛来，则全然不是矣。甚矣！世间尤物之难多得也。按郑康成《周官》注盎齐云："盎者翁翁然，如今酇白①。"疑即此酒。

【注释】

①盎齐：白酒。翁翁（wēng）：葱白色，酒浊貌。酇（cuó）白：白酒。

金华酒

金华酒，有绍兴之清，无其涩；有女贞之甜，无其俗。亦以陈者为佳。盖金华一路水清之故也。

山西汾酒

既吃烧酒，以狠为佳。汾酒乃烧酒之至狠者。余谓烧酒者，人中之光棍，县中之酷吏也。打擂台，非光棍不可；除盗贼，非酷吏不可；驱风寒、消积滞，非烧酒不可。汾酒之下，山东膏粱烧次之，能藏至十年，则酒色变绿，上口转甜，亦犹光棍做久，便无火气，殊可交也。尝见童二树家泡烧酒十斤，用枸杞四两、苍术二两、巴戟天一两，布扎一月，开瓮甚香。如吃猪头、羊尾、"跳神肉"之类，非烧酒不可。亦各有所宜也。

此外如苏州之女贞、福贞、元燥，宣州之豆酒，通州之枣儿红，俱不入流品；至不堪者，扬州之木瓜也，上口便俗。

ⓒ 袁枚 2017

图书在版编目（CIP）数据

随园食单：小仓山房藏版 / (清) 袁枚著. — 沈阳：
万卷出版公司，2017.11（2021.8重印）
ISBN 978-7-5470-4686-9

Ⅰ.①随… Ⅱ.①袁… Ⅲ.①烹饪—中国—清前期②
食谱—中国—清前期③中式菜肴—菜谱—清前期 Ⅳ.①TS972.117

中国版本图书馆CIP数据核字（2017）第250446号

出 品 人：王维良
出版发行：北方联合出版传媒（集团）股份有限公司
　　　　　万卷出版公司
　　　　　（地址：沈阳市和平区十一纬路25号　邮编：110003）
印 刷 者：辽宁新华印务有限公司
经 销 者：全国新华书店
幅面尺寸：146mm×210mm
字　　数：130千字
印　　张：8.5
出版时间：2017年11月第1版
印刷时间：2021年8月第5次印刷
责任编辑：张洋洋
责任校对：王一文
装帧设计：马婧莎
ISBN 978-7-5470-4686-9
定　　价：46.80元
联系电话：024-23284090
传　　真：024-23284448